Proceedings

Proceedings

Ein stetig steigender Fundus an Informationen ist heute notwendig, um die immer komplexer werdende Technik heutiger Kraftfahrzeuge zu verstehen. Funktionen, Arbeitsweise, Komponenten und Systeme entwickeln sich rasant. In immer schnelleren Zyklen verbreitet sich aktuelles Wissen gerade aus Konferenzen, Tagungen und Symposien in die Fachwelt. Den raschen Zugriff auf diese Informationen bietet diese Reihe Proceedings, die sich zur Aufgabe gestellt hat, das zum Verständnis topaktueller Technik rund um das Automobil erforderliche spezielle Wissen in der Systematik aus Konferenzen und Tagungen zusammen zu stellen und als Buch in Springer.com wie auch elektronisch in Springer Link und Springer Professional bereit zu stellen.

Die Reihe wendet sich an Fahrzeug- und Motoreningenieure sowie Studierende, die aktuelles Fachwissen im Zusammenhang mit Fragestellungen ihres Arbeitsfeldes suchen. Professoren und Dozenten an Universitäten und Hochschulen mit Schwerpunkt Kraftfahrzeug- und Motorentechnik finden hier die Zusammenstellung von Veranstaltungen, die sie selber nicht besuchen konnten. Gutachtern, Forschern und Entwicklungsingenieuren in der Automobil- und Zulieferindustrie sowie Dienstleistern können die Proceedings wertvolle Antworten auf topaktuelle Fragen geben.

Today, a steadily growing store of information is called for in order to understand the increasingly complex technologies used in modern automobiles. Functions, modes of operation, components and systems are rapidly evolving, while at the same time the latest expertise is disseminated directly from conferences, congresses and symposia to the professional world in ever-faster cycles. This series of proceedings offers rapid access to this information, gathering the specific knowledge needed to keep up with cutting-edge advances in automotive technologies, employing the same systematic approach used at conferences and congresses and presenting it in print (available at Springer.com) and electronic (at Springer Link and Springer Professional) formats.

The series addresses the needs of automotive engineers, motor design engineers and students looking for the latest expertise in connection with key questions in their field, while professors and instructors working in the areas of automotive and motor design engineering will also find summaries of industry events they weren't able to attend. The proceedings also offer valuable answers to the topical questions that concern assessors, researchers and developmental engineers in the automotive and supplier industry, as well as service providers.

Weitere Bände in der Reihe http://www.springer.com/series/13360

Johannes Liebl
(Hrsg.)

Der Antrieb von morgen 2014

Elektrifizierung: Was erwartet der Kunde?
9. MTZ-Fachtagung

 Springer Vieweg

Hrsg.
Johannes Liebl
Moosburg, Deutschland

ISSN 2198-7432   ISSN 2198-7440   (electronic)
Proceedings
ISBN 978-3-658-23784-4   ISBN 978-3-658-23785-1   (eBook)
https://doi.org/10.1007/978-3-658-23785-1

Die Deutsche Nationalbibliothek verzeichnet diese Publikation in der Deutschen Nationalbibliografie; detaillierte bibliografische Daten sind im Internet über http://dnb.d-nb.de abrufbar.

Vorwort

Downsizing von Verbrennungsmotoren als Maßnahme zur CO_2- Reduzierung wird bei den Entwicklungsabteilungen aktuell umgesetzt und kommt sukzessive weltweit in den Märkten an. Das war eines der Ergebnisse unserer MTZ-Tagung „Der Antrieb von morgen" im Jahr 2013. Darauf wollen wir 2014 aufbauen und einen Blick auf die nächsten Schritte zur CO_2- und Kraftstoffverbrauchsreduzierung werfen: Bei der 9. MTZ-Fachtagung „Der Antrieb von morgen" am 28. und 29. Januar 2014 geht es um die Elektrifizierung des Antriebs. Aktuell ist dabei ein breiter Fächer technischer Lösungen im Gespräch. Die klassische 12-Volt-Bordspannungsebene stößt an ihre Grenzen. Muss die Lösung immer gleich Hochvolttechnik sein? Ein System mit 48 Volt als zweite Bordnetzspannung könnte eine Alternative sein. Was lässt sich daraus für die Elektrifizierung des Antriebs ableiten? Welche Form der Elektrifizierung ist bezahlbar? Welche CO_2-Reduzierungen sind im Niederspannungsbordnetz darstellbar? Welche kundenwerten Maßnahmen können angeboten werden? Viele Fragen, auf die wir im Rahmen unserer Tagung Antworten suchen. Nur wer die Wünsche seiner Kunden versteht, wird die Elektrifizierung des Antriebs erfolgreich im Markt etablieren können. Auf unserer Tagung werden wir die verschiedenen Elektrifizierungsgrade von Antrieben beleuchten, deren Kundennutzen bewerten und so eine Navigationshilfe auf dem Weg der Elektrifizierung des Antriebs geben. Unterstützt wird die MTZ-Tagung „Der Antrieb von morgen" auch 2014 von Schaeffler und Volkswagen. Die begleitende Fachausstellung bietet Ihnen die Möglichkeit, mit Entwicklungspartnern in Kontakt zu treten. Ich freue mich auf Ihre aktive Teilnahme.

Für den Wissenschaftlichen Beirat
Dr. Johannes Liebl
Herausgeber ATZ | MTZ | ATZelektronik

Inhaltsverzeichnis

Autorenverzeichnis

Rolf Albrecht AVL List GmbH, Graz, Österreich

Dr. Richard Aymanns FEV GmbH, Aachen, Deutschland

Dr. Mike Basset MAHLE Powertrain Ltd., Northampton, UK

Martin Braun Robert Bosch GmbH, Stuttgart, Deutschland

Oliver Eckert Robert Bosch GmbH, Stuttgart, Deutschland

Dr. Raimund Ellinger AVL List GmbH, Graz, Österreich

Dr. Carsten Götte Continental Automotive GmbH, Regensburg, Deutschland

Friedrich Graf Continental Automotive GmbH, Regensburg, Deutschland

Jonathan Hall MAHLE Powertrain Ltd., Northampton, UK

Prof. Dr. Peter Hoffmann TU Wien, Wien, Österreich

Björn Höpke RWTH Aachen University, Aachen, Deutschland

Dr. Arno Huss AVL List GmbH, Graz, Österreich

Dr. Stephen Jones AVL List GmbH, Graz, Österreich

Kiriakos Karampatziakis Robert Bosch GmbH, Stuttgart, Deutschland

Bernhard Klein Continental Automotive GmbH, Regensburg, Österreich

Dario Leumann Akademischer Motorsportverein Zürich, Zürich, Schweiz

Dominik Lückmann RWTH Aachen University, Aachen, Deutschland

Dr. Bernd Mahr MAHLE Powertrain Ltd., Northampton, UK

Thomas Matousek MOT GmbH, Karlsruhe, Deutschland

Dr. Edoardo Pietro Morra AVL List GmbH, Graz, Österreich

Tibor Murtiner Robert Bosch GmbH, Stuttgart, Deutschland

Carolina Nebbia FEV GmbH, Aachen, Deutschland

Thorsten Plum RWTH Aachen University, Aachen, Deutschland

Dr. Ingo Ramesohl Robert Bosch GmbH, Stuttgart, Deutschland

Dr. Johannes Scharf FEV GmbH, Aachen, Deutschland

Prof. Dr. Ulrich Spicher MOT GmbH, Karlsruhe, Deutschland

Dr. Michael Stapelbroek FEV GmbH, Aachen, Deutschland

Robert Steffan TU Wien, Wien, Österreich

Tolga Uhlmann FEV GmbH, Aachen, Deutschland

Dr. Marco Warth MAHLE Powertrain Ltd., Northampton, UK

Die Chancen und Potenziale von hybriden Antriebsmaßnahmen in Verbindung mit Ultraleicht-Fahrzeugen

Dipl.-Ing. Robert Steffan

Prof. Dr. Peter Hofmann

Abstract

49 gCO_2/km, 600 kg Fahrzeuggewicht – Ambitionierte Ziele verlangen nach ganzheitlich innovativen Lösungsansätzen. Das Fahrzeugkonzept CULT (**C**ars' **U**ltra **L**ight **T**echnology) vereint in weiten Teilen evolutionäre Ansätze, welche sich über die gesamte Fahrzeugentwicklung erstrecken. Die Integration eines Riemen-Starter-Generators in die Antriebsarchitektur unterstützt das ehrgeizige Gewichtsziel im Vergleich zu aufwendigen Hochvolt Hybridkonfigurationen und bietet bei minimalem Systemaufwand ein deutliches Potenzial im Hinblick auf die CO_2 Reduktion. Die Anbindung der Starter-Generator Einheit an das Getriebe und die aus dem geringen Fahrzeuggewicht resultierenden niedrigen Fahrleistungsanforderungen erhöhen die hybriden Freiheitsgrade und ermöglichen einen rein elektrischen Antrieb bei geringen Geschwindigkeiten trotz 12 Volt Bordnetz Topologie. Insgesamt führen diese Maßnahmen zu einer CO_2 Minderung von 9,5 % im Vergleich zu konventionellen Start Stopp Konfigurationen.

© Springer Fachmedien Wiesbaden GmbH, ein Teil von Springer Nature 2018
J. Liebl (Hrsg.), *Der Antrieb von morgen 2014*, Proceedings,
https://doi.org/10.1007/978-3-658-23785-1_1

1. Einleitung

Die zunehmende Verschärfung der Emissions-Gesetzgebung sowie die ansteigende Kundennachfrage nach verbrauchsarmen und gleichzeitig kostengünstigen Fahrzeugen treibt die OEM's sowie Zulieferer massiv an, innovative Lösungsansätze im Automobilbereich aufzugreifen. Durch diverse evolutionäre Maßnahmen sollen gezielt die Grenzen des theoretisch Darstellbaren evaluiert werden, um die Entwicklungstrends für die nächste Dekade zu definieren.

In einem firmenübergreifenden Projekt bestehend aus den Partnern Magna Steyr Fahrzeugtechnik, FACC und 4a Manufacturing sowie den wissenschaftlichen Partnern Montanuniversität Leoben, Polymer Competence Center Leoben GmbH (PCCL), Österreichisches Gießerei-Institut (ÖGI) und TU Wien wurde ein Prototyp-Fahrzeug als Innovationsträger aufgebaut (Abb. 1). Die Fahrzeugkonzeptstudie CULT (**C**ars' **U**ltra **L**ight **T**echnology) soll im A-Segment eingestuft werden, als Zielwerte sind ein Leergewicht von 600 kg angesetzt und ein Verbrauch von umgerechnet <50 gCO_2/km im NEFZ definiert. Diese ambitionierten Projektziele sind nur durch die konsequente Implementierung einer Vielzahl innovativer Lösungsansätze zu erreichen. [1]

Abbildung 1: CULT Fahrzeug

Das Institut für Fahrzeugantriebe und Automobiltechnik der TU Wien übernimmt dabei die Entwicklung und Optimierung des gesamten Antriebsstrangs, bestehend aus 3-Zylinder Turbomotor mit CNG Direkteinblasung [2], einem 6 Gang automatisierten Schaltgetriebe und Implementierung eines Riemengetriebenen-Starter-Generators (RSG) an die Getriebearchitektur. Letzteres soll Bestandteil dieses wissenschaftlichen Beitrags sein. Das niedrige Fahrzeuggewicht, sowie die Erhöhung der Freiheitsgrade durch Anbindung des Starter-Generators nach der Kupplung erhöhen den Spielraum für diverse hybride Features, welche im Folgenden näher dargestellt werden sollen.

2. Grundlagen CULT Hybrid-Antriebsarchitektur

Um dem ehrgeizigen Verbrauchsziel von umgerechnet <50 gCO_2/km ein deutliches Stück näher zu kommen, sind trotz effizientem 3-Zylinder CNG DI Verbrennungsmotor weitere Optimierungsmaßnahmen notwendig. In der ersten Projektentwicklungsphase wurden mittels Längsdynamiksimulation verschiedene hybridische Maßnahmen im CULT Antriebstrang bewertet. Eine Übersicht über die im Folgenden simulativ bewerteten Antriebsarchitekturen sind zusammenfassend in Tab. 1 dargestellt. Ein erstes Screening löste die herkömmliche Kombination aus konventioneller Lichtmaschine plus Ritzelstarter (BASIS) durch die Einbindung eines Riemengetriebenen-Starter-Generators (RSG) in den Riementrieb des Verbrennungsmotors (RSG-VKM) ab. Trotz geringem Meergewicht der im Vergleich größeren E-Maschine überzeugten die Vorteile aus gesteigerter Systemeffizienz sowie die Möglichkeiten zur geringfügigen Hybridisierung selbst bei 12 Volt Niedrigspannungsbetrieb. [3, 4]

In Punkto Fahrzeuggewicht, wurde ein ganzheitlicher Ansatz aufgegriffen, um das Ausgangsgewicht von 900 kg für das viersitzige Konzept um ambitionierte 300 kg weiter abzusenken. Durch Funktionsintegration, Werkstoffsubstitution und Downsizing konnte ein großer Anteil der angesetzten Gewichtsreduktion erreicht werden. Vor allem der Werkstoffmix hebt sich deutlich von herkömmlichen Fahrzeugmodellen ab. Der Multi-Material Ansatz substituiert soweit möglich schwere Stahl Bauteile durch z.B. Faserverbund- und Organowerkstoffe. Dabei wurden neben dem theoretisch Umsetzbaren auch ökonomische Faktoren bewertet, so dass ein potenzieller Kaufpreis des CULT Fahrzeugs maximal 3000 Euro über einem vergleichbaren Benchmark Fahrzeug liegen sollte. [5]

Basierend auf diesem ultraleichten Fahrzeugkonzept bestand die innovative Idee, den RSG mittels Riemen direkt an die Getriebeeingangswelle zu koppeln (RSG-GETRIEBE). Die daraus resultierende Möglichkeit den Verbrennungsmotor vom Getriebe und damit auch das Schleppmoment der VKM (Verbrennungskraftmaschine) vom RSG abzukoppeln, erhöht die elektrische Gesamtbilanz und intensiviert somit u.a. das Rekuperationspotenzial für den Niedrigspannungsbetrieb bei 12 Volt. Aufbauend auf dem durch das geringe Gesamtgewicht indizierte niedrige Leistungsniveau, welches zum Antrieb des Fahrzeugs bei kleinen Geschwindigkeiten benötigt wird, entstanden weitere Überlegungen, den RSG auch zum rein elektrischen Vortrieb des Fahrzeugs zu nutzen. Theoretisch betrachtet können, wie in Kapitel 3 näher beschrieben, Fahrzeuggeschwindigkeiten bis zu 35 km/h stationär ausschließlich durch das Leistungsspektrum des RSG im 12 Volt Betrieb abgedeckt werden. Auch in diesem Fall des rein elektrischen Fahrens soll der Verbrennungsmotor und damit das Schleppmoment abgekoppelt werden, um das Antriebsvermögen des RSG ausschließlich in Vortriebsenergie umsetzen zu können.

Tabelle 1: Mögliche Konfigurationen CULT Antrieb für simulative Potenzialanalyse

BASIS	RSG-VKM	RSG-GETRIEBE
Ritzelstarter + konv. Lichtmaschine	Riemen-Starter-Generator am Verbrennungsmotor	Riemen-Starter-Generator an Getriebeeingangswelle

Hybridisierung	Start Stopp	Start Stopp	Start Stopp
		Generatorregelung + Rekuperation	Generatorregelung + Rekuperation
		Boost	Boost
			Elektrisch Fahren bei niedrigen Geschwindigkeiten

3. Validierung der Simulation

Als Ausgangsbasis für die im Kapitel 4 beschrieben Optimierungsstrategien dient zunächst die Basisvalidierung der mittels Längsdynamiksimulation nachgebildeten CULT Antriebsarchitektur.

In der Projektlaufzeit wurden von der TU Wien zwei identische Antriebsstränge aufgebaut, die neben dem Verbrennungsmotor auch alle weiteren Komponenten wie Getriebe, Nebenaggregate, Batterie und Riemen-Starter-Generator aufweisen. In Tabelle 2 sind wesentliche Merkmale der Hauptkomponenten dargestellt. Einer dieser Antriebsstränge wurde im CULT Gesamtfahrzeug implementiert. Der zweite Antriebsstrang wurde komplett auf einem Prüfstand an der TU Wien aufgebaut, welcher es ermöglicht, dynamische Fahrprofile, wie den zur Verifizierung der Emissionsziele herangezogenen NEFZ, nachzubilden. In dieser Gesamtkonfiguration ergeben sich mehr Möglichkeiten, wobei aber die Komplexität deutlich ansteigt, da im Vergleich zu sonst gängigen Hardware-in-the-Loop (HiL) Anwendungen keine Hardwarekomponenten in der Simulation beschrieben werden, sondern als reale Bauteile entsprechend ihren Charakteristiken agieren. Lediglich die Fahrpedalregelung im Fahrzyklus wird von der Prüfstandssteuerung übernommen. Das Verhalten der einzelnen Komponenten entspricht somit der Fahrzeuganwendung und ermöglicht die praxisnahe Weiterentwicklung des Antriebs auch am Prüfstand und die direkte Übertragbarkeit der Erkenntnisse in das Fahrzeug.

Tabelle 2: CULT Antriebskomponenten

Motor	3 Zylinder CNG-Turbo-Motor	
	Hubraum	658 cm³
	Gemischbildung	Direkteinblasung
	Leistung max.	47 kW (bei 5000 RPM)
	Moment max.	103 Nm (bei 2500 RPM)
Getriebe	Automatisiertes Schaltgetriebe	
	Gangzahl	6
	Trockensumpfschmierung	Elektrische Ölpumpe
Elektrische Komponenten	Riemen-Starter-Generator	
	Leistung max. generatorisch	2,8 kW
	Leistung max. motorisch	1,4 kW
	Spannung Bordnetz	12 V
	Batterie	38 Ah (AGM)

3.1 Konventioneller Antrieb

Grundlegend für eine weitere Optimierung in der Simulation ist die Basisvalidierung des konventionellen Antriebsstrangs, bestehend aus Verbrennungsmotor und Getriebe. Dazu wurde der in der Simulation ermittelte Kraftstoffverbrauch im NEFZ Fahrprofil den Messdaten vom dynamischen Prüfstand gegenübergestellt. Abb. 2 zeigt den Vergleich der jeweiligen Fahrzeuggeschwindigkeiten mit den entsprechenden CNG Massenströmen. Insgesamt konnte eine gute Übereinstimmung von Prüfstand und Simulation erzielt werden, wobei die Simulation einen um 2,2 % niedrigeren Verbrauch von umgerechnet 72,8 gCO_2/km aufweist. Diese geringen Abweichungen sind durchaus tolerierbar und bestätigen die gute Korrelation des Simulationsmodells mit dem Verhalten des realen Antriebsstrangs, so dass im Folgenden eine weitere simulative Optimierung ausgehend vom Basisverbrauch dargestellt werden soll.

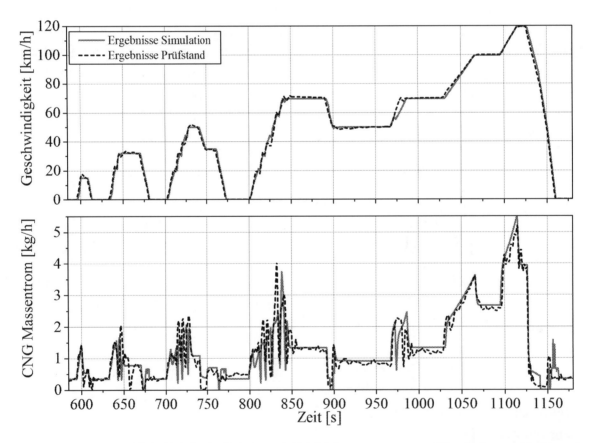

Abbildung 2: Vergleich Geschwindigkeit und CNG-Massenstrom von Simulation vs. Prüfstand

3.2 Elektrischer Antrieb

Wie bereits in Kapitel 2 angeführt, bestanden basierend auf dem niedrigen Fahrzeugge-wicht weitere Überlegungen, den Riemen-Starter-Generator auch zum rein elektrischen Vortrieb des Fahrzeugs bei niedrigen Geschwindigkeiten zu nutzen. Um zunächst diese Idee theoretisch bewerten zu können, sind im Zugkraftdiagramm (Abb. 3) die Fahrwi-derstände des CULT bis 50 km/h dargestellt und dazu die Antriebskräfte des RSG für die Gänge 1 bis 4 aufgetragen. Es ist erkennbar, dass die mechanische Antriebskraft des RSG ausreicht, um eine Geschwindigkeit von bis zu 35 km/h im 3. und 4. Gang auf-recht zu erhalten. Da es ab 10 km/h wenig Restantriebspotenzial oberhalb der Fahrwi-derstandslinie gibt, kann davon ausgegangen werden, dass keine großen Beschleuni-gungsreserven im elektrischen Fahrmodus vorhanden sind. Für die Betriebsstrategie ergibt sich daraus die Limitierung, dass die etwaigen Beschleunigungsphasen von der VKM übernommen werden müssen, während der RSG je nach Ausgangsbedingungen die Konstantfahranteile mit geringem Geschwindigkeitsniveau abdecken kann. Aus die-ser Darstellung wird auch die Notwendigkeit eines Ultra-Leichtfahrzeugkonzepts er-sichtlich, bei einem konventionellen Fahrzeugkonzept würden die Fahrwiderstände das Antriebsvermögen bereits ab 21 km/h übersteigen.

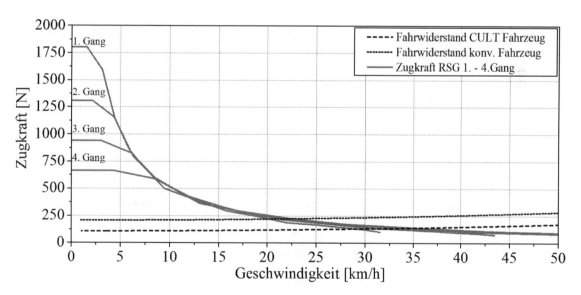

Abbildung 3: Zugkraftdiagramm: Antriebsvermögen des RSG vs. Fahrwiderstände CULT

Weiterführend wird in Abb. 4 die Notwendigkeit der Anbindung des RSG an das Ge-triebe und die daraus resultierende Möglichkeit des Abkoppelns des Verbrennungsmo-tors ersichtlich. Bereits knapp über 1000 1/min übersteigt das VKM-Schleppmoment bei kaltem Motor (30 Grad) das mechanische Antriebsvermögen des RSG. Aus diesem Grund ist ein rein elektrisches Antreiben in der Konfiguration RSG-VKM nicht dar-stellbar.

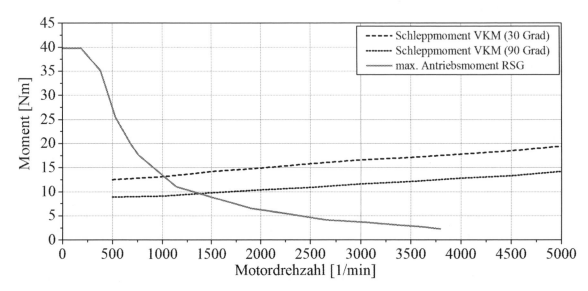

Abbildung 4: Maximales Antriebsmoment RSG im Vergleich zum Motorschleppmoment

Die Möglichkeit des rein elektrischen Fahrens in der Konfiguration RSG-GETRIEBE
ergibt das Potenzial im innerstädtischen Teil des NEFZ Fahrprofils die Konstantfahranteile mit 15, 32 und 35 km/h ausschließlich über den RSG abzubilden und den Verbrennungsmotor in diesen eher ineffizienten Lastpunkten abzukoppeln und abzuschalten. Im
Folgenden wurden dazu separate Messungen am Prüfstand durchgeführt, die auch die
praktische Umsetzbarkeit des zuvor beschriebenen elektrischen Fahrens, bestätigen sollen. Dabei wurde zunächst eine Geschwindigkeit von 32 km/h angefahren und anschließend die Kupplung geöffnet und der RSG zugeschaltet. In Abb. 5 sind dazu die sich
einstellenden elektrischen Leistungen im Vergleich Messung und Simulation dargestellt. Grundsätzlich bestätigt dieser Vergleich die prinzipielle Möglichkeit, niedrige
Geschwindigkeiten im 12 Volt Betrieb abzudecken, weiterhin wurde durch die Messung
auch sichergestellt, dass keine Limitierungen durch die Batterie entstehen und elektrische Leistungen von bis zu 2 kW bereitgestellt werden können.

Um eine konstante Geschwindigkeit von 32 km/h aufrecht zu erhalten, bedarf es ca. 1,3
kW mechanische Antriebsleistung (nicht dargestellt). Unter Berücksichtigung der Wir-
kungsgradkette des RSG im 12 Volt Betrieb entspricht dies einer elektrischen Leis-
tungsanforderung von ca. 1,9 kW. Dies führt bei einem Anfangs SOC (State of Charge)
von 75 % in der 38 Ah AGM Batterie zu einem Spannungseinbruch von ca. 1,2 V und
Strömen von 170 A. Der Betrieb über eine Zeitspanne von ca. 50 Sekunden führt dabei
zu einer Reduzierung des SOC um 6 %.

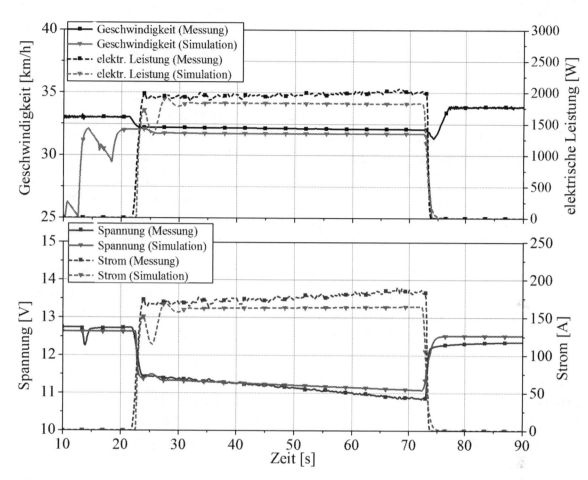

Abbildung 5: Elektrisches Fahren mit RSG (12 Volt) für 32 km/h Konstantfahrt

Um das Gewichtsziel des Fahrzeugkonzepts im Fokus zu behalten, war eine größere Batterie mit einer höheren Speicherkapazität keine Option. Mit der bestehenden Batteriekonfiguration stellt der rein elektrische Fahrzustand einen kurzzeitigen Betriebsmodus dar, welcher in der späteren Fahrzeugsteuerung durch genau definierte Eintritts- und Austrittskriterien einzugrenzen ist, so dass eine Tiefentladung der Batterie unterbunden werden soll. Dennoch ist das Potenzial wie folgt (Kap. 4) ausreichend, um die zuvor beschriebenen NEFZ Geschwindigkeitsbereiche in einem vertretbaren SOC-Bereich der Batterie abzudecken und dabei selbstverständlich das Bordnetz weiterhin zu versorgen.

4. Betriebsstrategien und Potenziale

Ausgehend von den im Kapitel 2 vorgestellten Antriebsarchitekturen sollen im Folgenden die einzelnen Optimierungsmaßnahmen sowie deren Konsequenzen auf den Energieverbrauch dargestellt werden. Die BASIS-Variante bestehend aus einer im Kleinwagensegment üblichen Konfiguration aus konventioneller Lichtmaschine plus

Ritzelstarter ergibt, wie bereits in der Validierung vorgestellt, einen CNG-Ausgangsverbrauch von umgerechnet 72,8 gCO_2/km. Darin unberücksichtigt bleibt die Forderung nach einem ausgeglichenen Ladezustand (SOC) vor und nach der NEFZ Zykluslaufzeit. Bei einer als konstant angenommen Bordnetzleistung von 150 W ergibt sich simulativ betrachtet eine CO_2 Erhöhung auf 77,5 gCO_2/km. Dabei besteht bei einer konventionellen Lichtmaschine keine Möglichkeit der individuellen Ansteuerung, weshalb eine wirkungsgradorientierte Generatorregelung plus Rekuperation in der Berechnung unberücksichtigt bleibt. Dennoch ist es auch in dieser Konfiguration möglich, eine Start-Stopp Strategie über den Ritzelstarter darzustellen, wodurch sich eine signifikante Reduktion des Kraftstoffverbrauchs um 6,0 % im NEFZ einstellt. Somit ergibt sich in dieser Konfiguration ein absolutes CO_2 Minimum von 72,8 gCO_2/km, welches es durch die folgenden Riemen-Starter-Generator Varianten weiter zu optimieren gilt.

In der ersten Evolutionsstufe (RSG-VKM) stellt sich neben dem Komfortaspekt, z.B. beim Motorstart, ein zusätzliches Verbrauchspotenzial durch die intelligente Regelung des Generators ein. Die Option vom RSG individuelle Ladeleistungen anzufordern, ermöglicht einerseits eine stets hinsichtlich Wirkungsgrad optimierte Ladestrategie und darüber hinaus die teilweise Rückspeisung von Bremsenergie in die Batterie durch Rekuperation. Aufbauend auf den wirkungsgradbehafteten Bauteilen in diesem Energiefluss ist es wichtig, eine Generatorregelung zu entwerfen, welche mit Hinblick auf die Effizienz die elektrische Energie soweit wie möglich unter optimalen Systembedingungen erzeugt. Dabei ist es essentiell, nicht allein den Verbrennungsmotor und den sich durch Lastpunktanhebung (LPA) ergebenden Mehrverbrauch zu kalkulieren, sondern den Wirkungsgrad des Gesamtsystems (siehe Gleichung) bestehend aus differentiellem Wirkungsgrad des Verbrennungsmotor sowie Wirkungsgrad von Generator und Batterie zu betrachten. [6]

$$\eta_{LPA} = \eta_{VKM,Diff} * \eta_{Generator} * \eta_{Ladeverluste}$$

Danach lässt sich mit Berücksichtigung der Leistungsgrenzen des RSG im Generatormodus ein Wirkungsgradkennfeld aufspannen (Abb. 6), welches die Energiebilanz von der Erzeugung durch Auflasten der VKM bis zur tatsächlichen Energie, welche in der Batterie abgespeichert wird, bewertet. Ziel ist es, den erzeugten Generatorstrom möglichst nach dem Wirkungsradoptimum auszurichten, dargestellt durch den roten Drehmomentverlauf. Darüber hinaus muss allerdings der SOC und sein Delta zum Zielwert berücksichtigt werden. Unterschreitet der aktuelle SOC definierte Grenzen und genügt die Auflastung im Optimum nicht mehr aus, muss diese sukzessiv erhöht werden, bis sich eine positive Ladebilanz an der Batterie einstellt. Diese intelligente Regelung wurde im Folgenden auf das Gesamtsystem im NEFZ angewendet und ergab ein CO_2 Einsparpotenzial von 1,5 % auf 71,7 gCO_2/km im Vergleich zur BASIS Konfiguration.

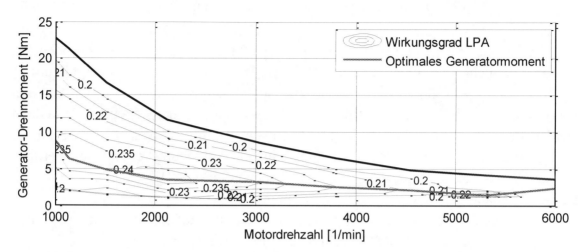

Abbildung 6: Wirkungsgrad bei Lastpunktanhebung (LPA) der VKM, Darstellung wirkungs-
gradoptimales Generatormoment über Motordrehzahl (rot)

Durch die Nutzung der im NEFZ anfallenden Bremsenergie konnte eine Erhöhung des
SOC um 4 % erzielt werden. Dadurch kann ein Teil der Bordnetzleistung bereits kompensiert werden und die Betriebsphasen, in der der RSG zusätzlich Leistung für einen
ausgeglichenen SOC aufbringen muss, verringern sich. Dies indiziert eine weitere CO_2
Reduktion um 1,9 % auf 70,4 gCO_2/km.

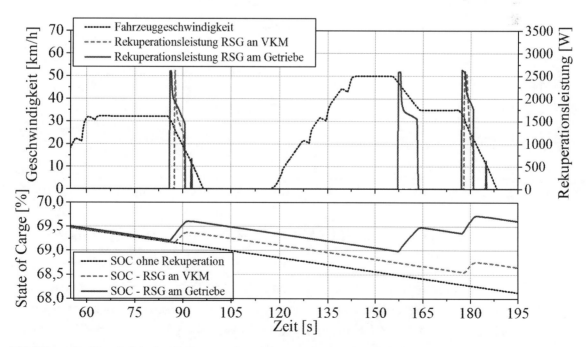

Abbildung 7: Vergleich der Rekuperationsleistung in den Antriebskonfigurationen RSG-VKM
und RSG-GETRIEBE

Die Chancen und Potenziale von hybriden Antriebsmaßnahmen in Verbindung mit Ultraleicht-Fahrzeugen

Im Folgenden werden die Potenziale aufgeschlüsselt, welche sich durch die Anbindung des RSG an die Getriebeeingangswelle ergeben (RSG-GETRIEBE). Mit Hinblick auf den Wegfall des Schleppmoments der VKM, erhöht sich das Rekuperationspotenzial und es kann mehr Energie in die Batterie zurückgespeist werden. Abb. 7 zeigt deutlich, wie stark sich die erhöhte Rekuperationsleistung auf den SOC auswirkt, und dass ein überwiegender Anteil durch den Bordnetzverbrauch rein aus der Rekuperation bedient werden kann. Den durch die elektrischen Verbraucher (150 W) bedingten SOC Abfall im NEFZ Fahrzyklus vermindert die Rekuperation bei Anbindung des RSG am Getriebe auf 3,5 % (ohne Rekuperation 11,5 %). Dies bedeutet, dass im Vergleich zur motorseitigen Anbindung der SOC noch einmal zusätzlich um 4 % angehoben werden konnte. Dies führt zu einer weiteren Reduktion des CO_2 Ausstoßes auf 69,3 gCO_2/km, was einer Verbesserung von 1,6 % zur RSG-VKM Konfiguration entspricht.

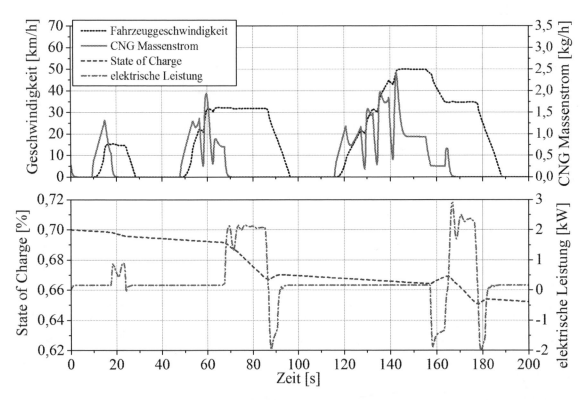

Abbildung 8: Elektrisches Fahren bis 35 km/h (konst.) im innerstädtischen Teil des NEFZ

Weiterführend sollen die Potenziale resultierend aus dem rein elektrischen Betrieb mittels RSG für niedrige Geschwindigkeiten ermittelt werden. Werden in der zu Grunde liegenden Hybridstrategie die Kriterien für den elektrischen Fahrbetrieb (Beschleunigung, Wunschmoment, etc.) erfüllt, wird der Verbrennungsmotor abgekoppelt und abgestellt. Wie anhand Abb. 8 zu erkennen ist, genügt das RSG-Leistungsspektrum für die 15, 32 und 35 km/h Konstantfahrphasen im innerstädtischen Teil des NEFZ. Die Hauptrestriktion für diesen Betriebsmodus ist die geringe Batteriekapazität. Dabei gilt ein Zielwert für den SOC von 70 %, der durch die Betriebsstrategie (Laden, Entladen) anzustreben ist. Da ab 70 % SOC kein Ladestrom mehr vom RSG angefordert wird, wird sichergestellt, dass ausreichend Potenzial verbleibt, um z.B. genug elektrische Energie in eventuellen Rekuperationsphasen aufnehmen zu können. Weiterhin besteht bei einem Ziel SOC Wert von 70 % eine ausreichende Energiereserve, um die elektrische Fahrfunktion für einen vertretbaren Zeitraum abzudecken.

Für die Quantifizierung der Verbrauchsvorteile, ist eine intelligente Generatorregelung von essentieller Bedeutung, um die SOC Balance wieder herzustellen. Ohne Nachladung der Batterie und vollständig elektrisches Durchfahren der entsprechenden Geschwindigkeiten im innerstädtischen Teil würde sich der SOC von 70 % auf ca. 48 % verringern. Um den SOC Ausgleich herzustellen, genügt ein Nachladen der Batterie nach der Optimumstrategie (Abb. 6) nicht mehr aus und die Generatorleistung muss angehoben werden. Dennoch kann durch diese innovative Antriebsmaßnahme im zu Grunde liegenden Ultraleicht-Fahrzeugkonzept zusätzlich 4,8 % CO_2 eingespart werden, wodurch sich ein absolutes Minimum für diese 12 V Hybridisierungsstufe von 65,9 gCO_2/km einstellt. Abschließend stellt Abb. 9 noch einmal die Einzelpotenziale aufgeschlüsselt nach den drei Antriebskonfigurationen dar.

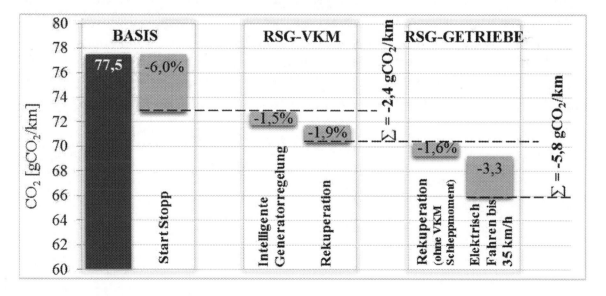

Abbildung 9: Zusammenfassung Potenziale 12 Volt CULT Hybrid (SOC ausgeglichen)

5. Zusammenfassung

Im vorliegenden Beitrag wurde eine Hybridisierungsmöglichkeit für ein Ultraleicht-Fahrzeug vorgestellt, welche durch den Einsatz eines Riemen-Starter-Generators und der Beibehaltung der 12 Volt Bordnetzspannung CO_2 Potenzial ausweisen konnte. Verglichen wurden dabei zwei Varianten mit unterschiedlicher RSG Anbindung mit der BASIS Variante bestehend aus konventioneller Lichtmaschine plus Ritzelstarter. Um weitere simulative Optimierungen vorzunehmen, wurde zunächst die Simulation mit Verbrauchswerten vom Prüfstand validiert und ein Abgleich des Grundverbrauchs im NEFZ Fahrzyklus geschaffen.

Ausgehend von der BASIS Konfiguration inkl. Start Stopp Potenzial wurde ein Riemen-Starter-Generator ausgewählt und in den Riementrieb des Verbrennungsmotors eingebunden (Variante: RSG-VKM). Die deutlich höheren generatorischen Leistungen, sowie die Möglichkeit der wirkungsgradoptimierten Generatorregelung sowie Rekuperation ermöglichten ein CO_2-Einsparpotenzial von 2,4 gCO_2/km.

Basierend auf dem niedrigen Fahrzeuggewicht und der Anbindung des RSG an die Getriebeeinheit (Variante: RSG-GETRIEBE), konnten weitere Hybridfeatures aktiviert werden. Der Entfall des Motorschleppmomentes durch Abkuppeln der VKM in Verzögerungsphasen, steigerte die Rekuperationsbilanz und führt zu einer weiteren Verbrauchssenkung. Wird die mechanische Antriebsleistung des RSG durch Abkuppeln der VKM ausschließlich zum Antrieb des Fahrzeugs eingesetzt, ist es darüber hinaus möglich auch Konstantfahrphasen bis zu 35 km/h im 12 Volt Betrieb abzudecken. Insgesamt ergibt sich durch die RSG-GETRIEBE Konfiguration ein Potenzial von weiteren 5,8 gCO_2/km im Vergleich zur RSG-VKM Variante. Zusammenfassend beträgt die CO_2 Reduktion im Vergleich zur BASIS Konfiguration 9,5 %. Dieses signifikante CO_2 Potenzial war essentiell für die Entscheidungsfindung der CULT Antriebsstrangkonfiguration und führte zur Befürwortung eines RSG am Getriebe im realen CULT Prototyp-Fahrzeug.

Literatur

[1]   Fritz, W.; Kampelmühler, F.; Hofmann, P.; Steffan, R.: 49 gCO2/km – A Modern, Efficient, Minimalistic Lifestyle Vehicle, 24th International AVL Conference "Engine & Environment", Graz, 2012

[2] Hofmann, P.; Hofherr, T.; Damböck, M.; Fritz, W.; Kampelmühler, F.: Der CULT Antrieb: Hocheffizienter CNG Motor mit Direkteinblasung, 34. Wiener Motorensymposium, Wien, 2013

[3] Morris, G.; Criddle, M.; Dowsett, M.; Quinn, R.: Konzept für kostengünstigen Niedrigspannung-Hybridantrieb, MTZ – Motortechnische Zeitschrift, 09/2012, Seite 586-590

[4] Schäfer, H.; et al.: Innovative Konzepte für Starter-Generatoren (XSG), expert verlag, Renningen, 2004

[5] Fritz, W.; Hofer, D.; Götzinger, B.: Leichtbaukonzept für ein CO2-armes Fahrzeug, ATZ – Automobiltechnische Zeitschrift, 09/2013, Seite 702-707

[6] Fleckner, M.; Göhring M., Spiegel L.: Neue Strategien zur verbrauchsoptimalen Auslegung der Betriebsführung von Hybridfahrzeugen, 18. Aachener Kolloquium Fahrzeug- und Motorentechnik, Aachen, 2009

Danksagung

Das vorgestellte Projekt wird aus Mitteln des Österreichischen Klimafonds und der Steiermärkischen Forschungsgesellschaft gefördert. Dafür gilt unser Dank, genauso den mitwirkenden Partnern, insbesondere den am Projekt beteiligten Mitarbeitern von Magna Steyr.

48 V Elektrifizierung - bezahlbare Hybridisierung mit hohem Kundennutzen

Dr. Carsten **Götte**, Friedrich **Graf**, Bernhard **Klein**
Continental, Division Powertrain, Nürnberg, Regensburg

Motivation

Es gibt bereits verschiedene Elektrifizierungstechnologien für den Fahrzeugantrieb auf dem Markt, mit unterschiedlichen CO_2-Potenzialen und unterschiedlichen Kostenniveaus. Es wird für jeden Automobilhersteller wichtig sein, den richtigen Technologiemix zu finden, um bei CO_2 und Kosten das Optimum zu erzielen.

Die Massenelektrifizierung mit 48 V-Systemen zu moderaten Kosten wird ein wichtiges Instrument zur Reduzierung der Flottenemissionen auf das erforderliche Niveau - oder auch darüber hinaus - sein. Fahrzeuge mit ergänzender 48 V-Spannungsversorgung bieten einen weitaus höheren Verbrauchsvorteil durch ein optimimiertes und erweitertes Start-Stopp-System sowie komfortable Coasting- und Sailing-Funktionen. Weitere Verbraucher mit hohem Energiebedarf können ebenfalls an 48 V angepasst werden, wodurch sich der Fahrkomfort bei entsprechenden Funktionen weiter erhöht.

Continental hat eine effiziente und kundenattraktive Lösung für das 48 V-Antriebsstrangsystem entwickelt und in ein Serienfahrzeug integriert, um die Leistung und die Vorteile eines solchen Systems in verschiedenen Fahrmodi nachzuweisen. Der Elektroantrieb umfasst einen effizienten Asynchronmotor von Continental, einschließlich der erforderlichen Leistungs- und Steuerungselektronik. Die Integration der Elektronik in den Motor gewährleistet ein kompaktes und kostenoptimiertes Design. Die 48 V-Batterie ist ein Produkt der SK Continental E-motion.

Die Einführung eines zweiten Spannungsniveaus unter 60 V ist derzeit eines der Hauptthemen der Automobilindustrie. Damit können die positiven Effekte eines Hybridfahrzeugs ohne Hochspannungsversorgung an Bord, bis zu einem gewissen Maß und bei verringerten Systemkosten dargestellt werden.

1 Einleitung

1.1 Elektrifizierung nach Maß

Wenngleich Elektrofahrzeuge sich nicht so schnell wie erwartet durchgesetzt haben, dürfte die Grundidee der Nutzung elektrischer Energie im Antriebssystem definitiv richtig sein. Andererseits ist die Beschränkung der Elektrifizierung auf das rein elektrische Fahren sicherlich nicht begründet. Dies spiegelt sich auch in den aktuellen Diskussionen in der Automobilindustrie wider. Um die Vorteile elektrischer

© Springer Fachmedien Wiesbaden GmbH, ein Teil von Springer Nature 2018
J. Liebl (Hrsg.), *Der Antrieb von morgen 2014*, Proceedings,
https://doi.org/10.1007/978-3-658-23785-1_2

Leistung im Antriebssystem weitestgehend zu nutzen, müssen wir nach der idealen Kombination aus Elektromotor und Verbrennungsmotor suchen. Neben der Verbesserung beim Kraftstoffverbrauch - dem Hauptmotiv für die Einführung von elektrischen Antriebsstrangkomponenten - müssen die Kosten sowie der individuelle Mobilitätsbedarf berücksichtigt werden, um die Fahrzeuge für den Endkunden attraktiv zu machen.

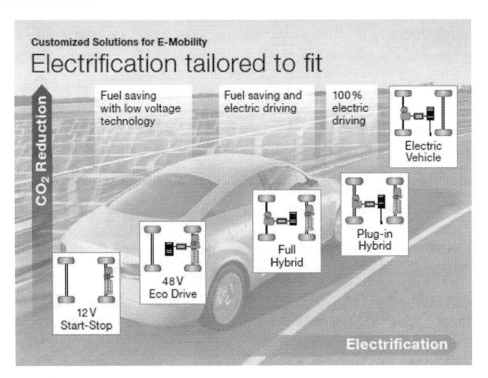

Abb. 1:   Elektrifizierung nach Maß

In diesem Zusammenhang ist festzustellen, dass es zwischen Verbrennungsmotoren mit einem stark zunehmenden Prozentsatz an integrierten Start-Stopp-Funktionen und dem reinen Elektrofahrzeug viele verschiedene Arten der Hybridisierung gibt. Neben den Kraftstofferparnissen bieten die Full- und Plug-in-Hybridversionen die Möglichkeit des elektrischen Fahrens. Der Plug-in-Hybrid kann beispielsweise den Mobilitätsbedarf im Alltag erfüllen, ohne die Reichweite zu beschränken.

Da die typische Spannung bei etwa 300 V liegt und daher strenge Sicherheitsvorschriften gelten und außerdem tiefgreifende Veränderungen der Fahrzeugarchitektur erforderlich sind, steigen die Kosten zwischen dem 12 V Start-Stopp-System und der Full Hybridversion erheblich. Die Erfahrung zeigt, dass dies für viele Interessenten eine echte Preishürde darstellt.

Diese Situation veranlasste Continental, nach einer Lösung zu suchen, mit der die Fahrzeugelektrifizierung in kleineren Schritten und in Abhängigkeit von den Anforderungen der Fahrzeugkäufer implementiert werden kann. Vor allem sollte es möglich sein, für existierende Fahrzeuge ein maßgeschneidertes Elektrifizierungsniveau anzubieten - vergleichbar mit den normalen Ausstattungsoptionen eines Fahrzeugs. Die technische Grundlage fehlte jedoch bislang. Man musste also die Lücke zwischen einem 12 V Start-Stopp-System und einem Hochspannungssystem schließen und den Integrationsaufwand sowie die Kosten der Hochspannungslösungen reduzieren.

1.2 Beschreibung eines 48 V-Systems

Sobald das Potenzial der existierenden 12 V-Technologie vollständig ausgeschöpft ist, bietet ein zweiter Spannungsbereich von 48 V zusätzlich zum herkömmlichen Bordnetz die Möglichkeit, viele Mild Hybrid-Funktionen zu realisieren, ohne Hochspannungstechnologie einzusetzen. Ein solches 48 V -System ist kostengünstig, da die Verwendung von Spannungen unter 60 V DC, gemäß der ECE-R 100, keine Maßnahmen zum Schutz gegen Stromschläge vorschreibt.

Eine typische 48 V-Systemkonfiguration besteht aus einer elektrischen Maschine, einem Wechselrichter, einem Energiespeichersystem und einem DC/DC-Wandler. Die elektrische Maschine kann mit Riemenantrieb oder als integrierter Startergenerator (Riemengetriebener Startergenerator, RSG oder Integrierter Startergenerator, ISG) ausgelegt werden. Die Hauptfunktion der elektrischen Maschine liegt in der Unterstützung des Verbrennungsmotors durch zusätzliches Drehmoment und Energierückgewinnung während der Bremsphasen. Die folgende Abbildung 2 zeigt die Hauptkomponenten eines 48 V-Systems und die elektrischen Verbindungen in einer RSG- Konfiguration.

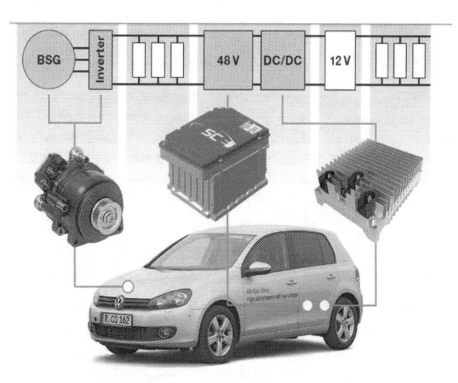

Abb. 2:   Übersicht zum Continental 48 V Eco Drive System und seinen
           Komponenten

Der Wechselrichter wandelt die Gleichspannung der Batterie in eine Drehstrom-Wechselspannung für den drehzahlgesteuerten Betrieb der elektrischen Maschine um. Im Motorbetrieb wird die Batterie entladen, im Generatorbetrieb wird sie aufgeladen. Somit erfolgt der Leistungsfluss hier in zwei Richtungen.

Die Hauptfunktion des Energiespeichersystems ist die Bereitstellung elektrischer Leistung für die Komponenten, die mit dem 48 V-Netz verbunden sind. Über kürzere Zeiträume liefert das Batteriesystem Energie für Mild Hybrid-Funktionen (Siehe Abschnitt 1.3 statt siehe unten). Die Batterie wird wie üblich während der Zyklen der Bremsenergierückgewinnung durch die elektrische Maschine aufgeladen. Der 48 V/12 V DC/DC-Wandler wird verwendet, um Energie vom 48 V -Netz in das 12 V-Netz zu übertragen. Damit ist die Spannungsversorgung der übrigen Komponenten im 12 V-Netz sichergestellt.

1.3 Vorteile des Continental 48 V Eco Drive

Wenngleich die niedrigere Spannung eine geringere Rekuperation als ein Hochvoltsystem ermöglicht, kann sie bis zu 14 % Kraftstoff (im NEFZ-Zyklus) sparen und damit einen signifikanten Beitrag zur CO_2- Reduktion bei relativ niedrigen Kosten und geringem Aufwand leisten. Diese Kraftstoffersparnis ist die Folge der Rekuperation und einer erweiterten Start-Stopp-Funktion, die das Ausschalten des Motors ermöglicht, bevor das Fahrzeug zum Stillstand kommt sowie Coasting und Sailing als darauf aufbauende Fahrstrategien. Weitere Effizienzsteigerungen werden durch Bordverbraucher mit höherem Leistungsbedarf (>2,5 kW), die bei 48 V betrieben werden, ermöglicht.

Die 48 V E-Maschine startet den Motor in nur 140 Millisekunden äußerst leise und komfortabel. Damit wird der Hauptgrund für die Deaktivierung von Start-Stopp-Systemen in heutigen Fahrzeugen eliminiert. Außerdem ist die 48 V Start-Stopp-Funktion auch unter -10 °C noch verfügbar. Die höhere Kapazität der Li-Ionen-Batterie reicht aus, um das Fahrzeug in langen Leerlaufzeiten mit elektrischer Energie zu versorgen, ohne den Motor einschalten zu müssen. Eine andere Funktion des 48 V Eco Drive ist die Bereitstellung des zusätzlichen elektrischen Drehmoments für die Verbesserung der Drehmomentcharakteristik des gesamten Antriebs bezüglich Dynamik und „low end torque".

Für diese wegweisende Technologie hat Continental ein 48 V Eco Drive Demonstrationsfahrzeug mit RSG aufgebaut. Das Konzept bietet den Vorteil, dass sich dieses System sehr leicht in ein Fahrzeug integrieren lässt, da es den existierenden Generatorbauraum nutzt. Um die Umstellung zu vereinfachen, hat Continental die erforderliche Elektronik in den Motor integriert. Die Batterie wird von SK Continental E-motion produziert, einem Joint Venture zwischen SK Innovation und Continental. Sie besitzt, bei gleichen Abmessungen einer 12V Blei-Säure-Batterie, einen deutlich gößeren Energiegehalt und eine höhere Leistung.

2 Design und Kriterien eines Batteriesystems

Typische Designkriterien für die Elektrik eines (anwendungsspezifisch entwickelten) Batteriesystems sind: Leistungsfähigkeit, Energieinhalt, hohe Effizienz und Spannungsniveau. Als mechanische Kriterien sind Gewicht, Volumen, ausreichende Kühlung und Robustheit gegenüber den Auswirkungen der Umgebung von Bedeutung. Weitere wichtige Designkriterien sind Systemsicherheit und Systemkosten. Aus Sicherheitsgründen sowie zwecks Diagnose des Batteriestatus müssen bestimmte Überwachungs-, Mess- und Kontrollfunktionen implementiert werden, z. B. Zellenausgleich, Strommessung und Thermomanagement, um die Zellentemperaturen zu regeln. Ein Batteriemanagementsystem setzt all diese Funktionen um und berechnet die wichtigen Schlüsselparameter der Batterie, wie Gesundheitszustand (State of Health, SOH), Funktionszustand (State of Function, SOF) und Ladezustand (State of Charge, SOC). Um das System vor Überströmen zu schützen, müssen eine Sicherung und ein Trennschalter in die Strombahn integriert werden. Eine Trennvorrichtung schützt das Batteriesystem bei Überladung, Überentladung oder Überlast.

Die Hauptkomponenten eines Energiespeichersystems sind die Batteriezellen selbst. Die Zellen sollten ein leistungsoptimiertes Design (widerstandsarm) aufweisen, um einen zu erwartenden Systemstrom (Laden und Entladen), von 250 A bis 300 A ohne Beeinträchtigung der Systemlebensdauer, aufzunehmen. Als Zellenchemie (Kathoden- und Anodenmaterialien) für Li- Ionen- basierte Energiespeichersysteme kommen nach dem heutigen Stand der Serienproduktion die Nickel-Mangan-Kobalt-Chemie (NMC) und die Eisen-Phosphat-Chemie (LFP) als Kathodenmaterialien sowie die Titanat-Graphit-Chemie (LTO) als Anodenmaterial in Frage. Die Aufgabe des Lieferanten besteht darin, die optimale Zelle im Hinblick auf Leistung, Sicherheit, Lebensdauer, Kosten und Zuverlässigkeit der Technologie für eine spezielle Anwendung auszuwählen. Die beste Gesamtleistung wird derzeit mit der NMC-Chemie erreicht. Mit der NMC-Zellenchemie liegt die typische Zellen-Leerlaufspannung, in Abhängigkeit vom Ladezustand, in dem Bereich von 2,9 V bis 4,2 V. In diesem Fall werden normalerweise 13 Einzelzellen für das Batteriepaket in Reihe geschaltet. Die folgende Tabelle 1 führt exemplarisch einige technische Parameter für ein 48 V-Batteriesystem auf.

Parameter	Wert	Einheit
Anzahl der Zellen	13	
Zellenkapazität	10,0	Ah
Zellentyp	NMC	
Energieinhalt Batterie (1 C, 100 % DoD)	460	Wh
Nennspannung bei 50 % SoC	48	V
Spannungsbereich Batterie, OCV, 0-100 % SoC	37...54	V
Min. Betriebsspannung, <10 s Entladeimpuls, <0 °C	26,0	V
Min. Betriebsspannung, <10 s Entladeimpuls, >0 °C	32,5	V

Tabelle 1: Technische Parameter des 48 V-Batteriesystems

Die Anwendung anderer Energiespeichertechnologien, wie Blei-Säure, Nickel-Metallhybrid oder Doppelschichtkondensator in einer 48 V-Anwendung ist ebenfalls möglich, aber die Li-Ionen-Technologie stellt die beste Lösung dar, wenn es um Gewicht, Volumenleistung, Energie, Lebensdauer und Kosten geht.

2.1 Die verschiedenen Anforderungen

Zusätzlich zu den bekannten Anforderungen an Automobilkomponenten, wie Gewicht, Abmessungen, Robustheit und Festigkeit, ist ein spezieller Informationssatz, der in Form von Funktionen oder berechneten Werten vorgelegt wird, Voraussetzung für die Entwicklung eines Energiespeichersystems. Diese Systemfunktionen sind hauptsächlich für die benötigte Batterieüberwachung erforderlich. Typisch sind die folgenden Funktionen, die in ein Batterie-Überwachungsgerät integriert werden:

- Strommessung
- Einzelzellen-Spannungsmessung
- Zellenmodul-Temperaturmessung
- Zellenausgleich
- Temperaturmanagement
- Batteriestatusberechnung (SOC, SOH, SOF)
- Leistungsvorhersage
- Batterieschutzfunktionen (Leistungsminderung und Trennung bei Bedarf)
- Fahrzeugkommunikation
- Diagnose- und Fehlermanagement

Diese Funktionen werden durch einen Batteriemanagement-Controller (BMC) realisiert. Der Batteriemanagement-Controller ist das Hauptmodul für die Steuerung und Überwachung aller internen Komponenten, aller Funktionen und aller Berechnungen. Der BMC kommuniziert mit dem Fahrzeug über eine CAN-Bus-Schnittstelle, steuert die Trennvorrichtung und misst die systemrelevanten Werte, wie etwa Strom und Modultemperatur.

Das Überwachungsgerät für das Zellenmodul wird als CSC bezeichnet. Das CSC ist die Kontrolleinheit des Zellenpakets und in den BMC integriert. Es überträgt alle relevanten Daten (z. B. Einzelzellenspannung und Temperaturen) an den BMC und ist für den Ausgleich der Zellen in einem Batteriestrang zuständig. Um alle Systemanforderungen zu erfüllen, muss eine äußerst komplexe Elektronik und Software entwickelt werden. Die Herausforderungen liegen in der Messgenauigkeit, Messgeschwindigkeit und Implementierung von Funktionsredundanzen auf einem kostenempfindlichen Markt. Das Ziel für die Messgenauigkeit in einer 48 V Li-Ionen-Anwendung liegt in einem Bereich von 2 % bis 0,5 % für die Einzelzellenspannung und den Systemstrom.

2.2 Designoptionen

Neben den beschriebenen Steuerungs- und Überwachungsfunktionen stehen einige Optionen für das Batteriedesign zur Verfügung, die durch die vorgesehene Fahrzeuganwendung definiert werden.

- Gehäuse

Das Gehäuse schützt die Batterie vor Feuchtigkeit, Nässe, Staub, Kondensation und mechanischer Beanspruchung. Eines der Hauptkriterien für das Design ist die vorgesehene IP-Schutzklasse, die durch den jeweiligen Installationsort definiert wird. Weitere wichtige Kriterien für das Gehäusedesign sind die erforderliche mechanische Robustheit und das Gewicht. Metall- oder Kunststoffteile kommen normalerweise als Material für Batteriegehäuse zum Einsatz.

- Zellenmodul

Die Systemleistung eines Energiespeichersystems wird durch die Leistungsfähigkeit und die verwertbare Energie definiert. Bei einer bestimmten Systemspannung können diese Parameter durch Veränderung der Zellenkapazität, der elektrochemischen Eigenschaften der Zelle und des Zellendesigns festgelegt werden. Insbesondere die Leistungsfähigkeit muss im Detail definiert werden, um die auf Fahrzeugebene erforderlichen funktionalen Ziele umzusetzen. Die Leistungsfähigkeit eines Energiespeichersystems hängt in hohem Maße von den Faktoren Ladezustand, Betriebstemperatur, Alterung, maximale Ladespannung bzw. minimale Entladespannung, Dauer des Lade- oder Entladevorgangs und Richtung der Last (Ladung/Entladung) ab. Je nach verwendeter Elektrochemie (Kathoden- und Anodenmaterial) muss eine bestimmte Anzahl an Zellen in Reihe verbunden werden, um die benötigte Systemnennspannung zu unterstützen. Diese Reihenschaltung der Zellen sollte durch einen robustes. widerstandsarmes, langlebiges Verfahren erfolgen, z. B. Ultraschall- oder Laserschweißung.

- Trennvorrichtung und Sicherung

Der Trennschalter wird verwendet, um das Batteriesystem vor Überstrom, tiefer Entladung und Spannung außerhalb der Zellenspezifikation bei Überladung zu schützen. Der Trennschalter trennt die Batterie im Sleep-Modus von der übrigen Fahrzeugelektronik, um eine Entladung der Batterie durch andere Komponenten während des Parkens des Fahrzeugs zu verhindern. Eine Umsetzung als Halbleiterlösung oder elektromechanische Lösung ist möglich. Der Trennschalter wird über den Batteriemanagement-Controller gesteuert. Aus Sicherheitsgründen muss eine Funktion realisiert werden, die Schweißkontakte oder die Verbindungsfunktion erkennt. Eine in Reihe mit den Zellen verbundene Sicherung schützt die Batterie vor Kurzschluss. Die Verarbeitung des zu erwartenden Kurzschlussstroms durch ein Li-Ionen-Speichersystems mit einem adäquaten elektromechanischen Schalter ist nicht effektiv (Verfügbarkeit, Abmessung, Gewicht usw.). Wenn die Trennvorrichtung durch eine Halbleiterlösung realisiert wird, kann die Sicherungsfunktion in diese Einheit einbezogen werden.

- Kühlung

Aufgrund der Kosten und der Komplexität der Implementierung eines Kühlkreislaufs liegt die bevorzugte Lösung für das Temperaturmanagement in der Luftkühlung. Die zu erwartenden Wärmeverluste für ein 48 V-Energiespeichersystem hängen vom Betrieb, vom Alter der Batterie sowie von der Zellenkapazität in dem Bereich von 50 W bis 100 W ab. Die Verluste werden durch den Stromfluss und den Innenwiderstand des Energiespeichersystems definiert. Das einfachste System ist ein passiv luftgekühltes System (Wärmeübertragung durch Wärmeableitung). Eine effektivere Lösung besteht in der kontrollierten Nutzung des Luftstroms aus dem Fahrzeuginnenraum für die Kühlung, der normalerweise eine konstante Temperatur von etwa 20 °C aufweist. Der vorkonditionierte Luftstrom kühlt das System nicht nur, sondern trägt auch zur Erwärmung des Speichersystems bei kalter Witterung bei.

In vorangegangenen Abbildung 2 ist ein Designkonzept für ein fremdbelüftetes Li-Ionen-Batteriesystem in einer 48 V-Anwendung dargestellt. Die installierte Zellenkapazität beträgt 10 Ah. Der resultierende Energieinhalt des Batteriesystems beträgt etwa 460 Wh auf Batteriesystemebene. Das Designkonzept sieht einen elektromechanischen Trennschalter und eine Bleisicherung vor. Der Lüfter für die Fremdbelüftung ist nicht in das Speichersystem integriert. Er wird in einem anderen Bauraum im Fahrzeug untergebracht. Für das Fremdbelüftungssystem ist eine Einlass- und Auslassöffnung vorgesehen. Die Stromanschlüsse für das 48 V- Netz werden als Schraubklemmen ausgeführt. Das Zielgewicht für das Designkonzept liegt im Bereich von 7 kg bis 10 kg.

3 Design und Kriterien eines Antriebssystems

Ein strukturiertes Verfahren für die Entwicklung eines E-Drive-Systems besteht aus vier Einzelschritten, die im Folgenden detailliert beschrieben sind. Unterschiedliche E-Drive-Konfigurationen kommen für Elektro- und Hybridfahrzeuge in Frage. Diese Konfigurationen können durch zahlreiche technische Lösungen umgesetzt werden und weisen unterschiedliche angemessene Leistungsniveaus und technische Beschränkungen auf. Der Schwerpunkt liegt an dieser Stelle auf dem RSG. Diese Anwendung sollte hinsichtlich des Drehmoments und der Leistung begrenzt werden, ist aber für hohe Drehzahlen bis 18.000 U/min geeignet. Eine äußerst kostengünstige Anwendung ist erforderlich. Angemessene Leistungsniveaus für einen 48 V RSG sind 4 ... 5 kW (Dauerbetrieb, >60 s) und 10 ... 12 kW (kurzfristiger Betrieb, <20 s).

Die Auswahl eines E-Motortyps bezieht sich auf diese Leistungsniveaus und Beschränkungen, wobei die speziellen allgemeinen Eigenschaften jedes Typs berücksichtigt werden. Drei verschiedene E-Motortypen sind für Anwendungen in Elektro- und Hybridfahrzeugen geeignet:

- Asynchronmotor mit Käfigläufer (IM)
- Dauermagnet-Synchronmotor mit vergrabenen Magneten (PSM)
- (Extern erregter) Synchronmotor (SM)

Mit dem Asynchronmotor lassen sich robuste und kostengünstige Designs umsetzen. Er eignet sich insbesondere für Anwendungen mit hoher Drehzahl und begrenzten Leistungserfordernissen. Über den gesamten Drehzahlbereich treten geringe und damit akzeptable Lastverluste erzielt werden. Bei hoher Last ist die Effizienz, verglichen mit den anderen Motortypen, relativ gering. Die Statorwicklung kann nur als verteilte Wicklung ausgeführt werden. Dieser Wicklungstyp lässt sich flexibel mit einer Drahtwicklung realisieren. Weniger flexible Varianten, wie die Haarnadelwicklung, sind jedoch ebenfalls vorstellbar, um hohe Kupferfüllfaktoren zu realisieren. Die Rotoren werden als kostengünstige Käfigrotoren aus Aluminiumguss ausgeführt. Kupferdruckguss-Varianten können für höhere Wirkungsgrade ebenfalls in Betracht gezogen werden.

Höchste Drehmomentdichten bei niedrigen Drehzahlen können mit dem Dauermagnet-Synchronmotor realisiert werden, der mit hohen Motorwirkungsgraden in diesem Betriebsbereich in Verbindung gebracht wird. Bei hohen Drehzahlen sind praktisch keine Lastverluste zu erwarten, da der volle magnetische Fluss nicht abgeschaltet werden kann. Für diesen Maschinentyp kann eine konzentrierte Statorwicklung mit extrem kurzen Wicklungsköpfen verwendet werden, die für Anwendungen mit starken Begrenzungen der Axiallänge Vorteile bietet. Kurbelwellenmontierte E-Motoranwendungen sind für diesen Maschinentyp am vielversprechendsten. Die Rotoren können mit vergrabenen Magneten ausgeführt werden, und die resultierenden Reaktionsmomente eignen sich für einen breiten Feldschwächungsbereich. Seit Anfang 2011 ist der Preis für Dauermagneten gestiegen, sodass kostengünstige Lösungen derzeit nicht gewährleistet werden können.

Bei dem (extern erregten) Synchronmotor wird das magnetische Rotorfeld durch elektrischen Strom, der über ein Schleifringsystem eingespeist wird, in Rotorschenkelpolen erzeugt. Da dieser Erregerstrom bis auf null reduziert werden kann, sind geringe Lastverluste auch bei hohen Drehzahlen möglich. Die Feldschwächung kann durch reduzierte Erregerströme und die Anwendung negativer d-Ströme erreicht werden und ist in beiden Fällen keiner Beschränkung unterworfen. Nachteile dieses Maschinentyps sind die zusätzlich benötigte Axiallänge für das Schleifringsystem und die Kosten der zusätzlichen Spannungsversorgung für die Rotorerregung. Die erreichbaren Wirkungsgrade sind über alle Betriebsbereiche zufriedenstellend und im Durchschnitt realistischer Fahrzyklen besser als die Werte der PM-Maschinen. Die Statorwicklung kann mit konzentrierten und verteilten Wicklungen ausgeführt werden.

3.1 Entwicklung eines kostengünstigen E-Drive-Systems

Die Projektierung von E-Drive-Systemen, d. h. die Systembemessung, erfolgt auf der Basis verschiedener Anforderungen. Gemäß Abbildung 3 lassen sich diese Anforderungen in drei Gruppen unterteilen.

Die Anforderungen an die (Fahrzeug-)Leistung betreffen bei der E-Maschine die maximalen Kennlinien (Drehmoment versus Drehzahl) und wahrscheinlich das erforderliche Kaltstartdrehmoment. Außerdem werden die (normalerweise regenerativen) Dauerleistungswerte definiert. Referenz-Fahrzyklen, die einen realistischen Fahrzeugbetrieb repräsentieren, sind sehr wichtig, um eine Überbemessung des E-Drive-Systems zu vermeiden. Eine detaillierte Studie des verfügbaren Gesamtvolumens bildet die Grundlage für die Definition eines angemessenen Antriebskonzepts und die Veranschlagung (auf der Basis von Erfahrungen) der realisierbaren aktiven Abmessungen der E-Maschine. Wichtige Projektierungsparameter im Hinblick auf die Spannungsversorgung beziehen sich auf die maximalen und minimalen Batteriespannungen und die verfügbaren maximalen Wechselrichterströme (für kurzfristigen Betrieb und Dauerbetrieb). Die Projektierung sollte all die unterschiedlichen Anforderungen harmonisieren, um gute Ergebnisse beim Kosten-Nutzen-Verhältnis zu erzielen.

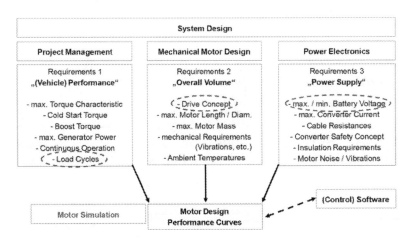

Abb. 3:   Die verschiedenen Anforderungen bei der E-Drive-Entwicklung

Das letztendliche Ziel ist die Umsetzung des Konzepts einer E-Motorenfamilie mit Standardlösungen für die Einzelmotorkomponenten (z. B. Paketierung, Wicklung, Isoliersystem, Sensoren usw.), die sich für die industrielle Verwertung und flexible Anwendung eignen. Mit diesem Verfahren können optimierte Kosten und erprobte Produkte gewährleistet werden. Die Anpassung der aktiven Teile (abgeleitet von einem Basisdesign mit einem vorgegebenen Außendurchmesser des Statorpakets) erfolgt durch Modifizierung der Paketlänge und/oder der effektiven Anzahl der Statorwicklungen. Nur (wenige) unterschiedliche Außendurchmesser sind erforderlich, um alle vorstellbaren Anwendungen zu erfassen.

3.2 Designoptionen und Kompromisse

Für RSG (Riemen Starter Generator)- Anwendungen werden Asynchronmotoren und Synchronmotoren ausgewählt, um das beste Kosten-Nutzen-Verhältnis zu erreichen, da sich Dauermagnet-Synchronmotoren für Anwendungen mit hohen Drehzahlen nicht besonders gut eignen. Sie stellen keine wirtschaftliche Alternative zu den anderen Motortypen dar. Außerdem sieht das oben erwähnte Konzept der Motorfamilie nur zwei Außendurchmesser für das Statorpaket vor (130 mm und 145 mm). Tabelle 2 zeigt alle vorstellbaren Designoptionen mit den entsprechenden Vor- und Nachteilen. Fremdbelüftete Maschinen sind höchstwahrscheinlich eine kostengünstige Lösung. Ihre Nachteile liegen in Geräuschbildungs- und Verschmutzungsaspekten. Diese lassen sich durch eine gekapselte Maschine mit einem Wasserkühlmantel vermeiden. Die Integration von Motor und Wechselrichter spart Anschlüsse und Kabel, ist aber eventuell bei einem begrenzten Gesamtvolumen nicht ausreichend flexibel.

		IM		SM	
	stator stack OD	130mm	145mm	145mm	Comments
stator winding	wire	x	x	x	+ : flexible - : long winding heads
	hair needle	x	x	x	+ : short winding heads - : not flexible
	single tooth			x	+ : very short winding heads - : poor copper filling
cooling	water jacket	x	x	x	+ : no dirt inside, low noise - : cost, volume
	air forced / self	x	x	x	+ : cost effective - : dirt inside; noise
motor / inverter	integration (axial)		x	x	+ : no connectors - : length, vibrations
	integration (radial)	x	x	x	+ : no connectors - : length, vibrations
	separation	x	x	x	+ : flexible - : connectors, harness
			not possible		
			not preferred		
			preferred		

Tabelle 2: Designoptionen für die RSG-Motorfamilie

Für den Typ der Statorwicklung stehen drei Optionen zur Verfügung. Asynchronmaschinen erfordern eine verteilte Wicklung, die durch eine flexible Drahtwicklung (jedoch mit langen Wicklungsköpfen) oder eine Haarnadelwicklung (nicht flexibel, aber hohe Kupferfüllfaktoren und kurze Wicklungsköpfe) realisiert werden kann. Synchronmotoren können ebenfalls mit einer konzentrierten Wicklung (oder Einzelzahnwicklung) ausgeführt werden, die sehr kurze Wicklungsköpfe aufweist. Abbildung 4 zeigt alle beschriebenen Typen der Statorwicklung.

Abb. 4:   Verschiedene Typen der Statorwicklung (Draht, Haarnadel, Einzelzahn).

3.3 Systemleistung

Die Systemleistung eines 48 V RSG-Systems kann durch Diagramme „Leistung versus Drehzahl" angemessen dargestellt werden (Abbildung 5 für ein System, das aus einer Batterie gemäß Tabelle 1, einem 8-poligen Asynchronmotor (mit 145 mm Außendurchmesser des Statorpakets und 70 mm Paketlänge) und einem Wechselrichter mit Stromgrenzen bei 250 A (<20 s) und 400 A (<5 s) für kurzfristigen Betrieb <20 s besteht). Positive Leistungswerte repräsentieren hier die Motorbetriebsart/Batterieentladung, negative Leistungswerte die Generatorbetriebsart/Batterieladung. Die Leistungskennlinien des Elektromotors (gestrichelte Linien) können an dieser Stelle mit den Leistungsbeschränkungen der Batterie in Abhängigkeit vom SOC verglichen werden. In Abbildung 5 sind außerdem die Betriebsbereiche für die verschiedenen RSG-Funktionen (Start/Stopp, Schnellladung, Rekuperation, Generator ...) gekennzeichnet.

Das Gewicht des beschriebenen Batteriesystems kann mit einem Wert unter 10 kg angegeben werden, das Gewicht des Antriebssystems (Asynchronmotor + axial integrierter Wechselrichter, wassergekühlt) mit einem Wert unter 13 kg. Die besten Systemwirkungsgrade des Antriebssystems (Pme/PDC) liegen im Bereich 86 ... 88 %.

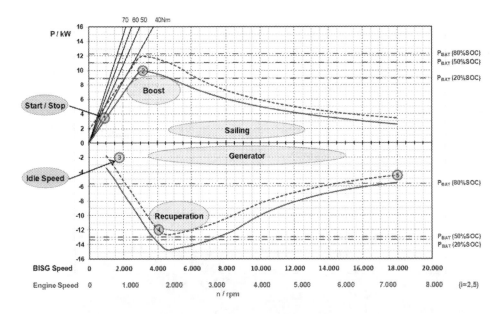

Abb. 5:   Kurzzeitbetrieb (<20 s) für IM mit Batterieleistungsgrenzen (elektrische Leistung (gestrichelt)/mechanische Leistung (durchgehend) versus Drehzahl)

Eine Anwendung des Systems unter Berücksichtigung spezieller Kundenwünsche ist problemlos möglich, indem die Paketlänge der elektrischen Maschine modifiziert wird (und optional auch durch Änderung der Anzahl der Statorwicklungen). Für den Variantenvergleich ist die Kontrolle der fünf Hauptbetriebspunkte (in Abbildung 5 gekennzeichnet) ausreichend.

4 Einfluss der Rekuperation der kinetischen Energie beim Bremsen

Die Rückgewinnung der durch die Bremsen verteilten Energie und ihre Wiederverwendung ist eine Schlüsselfunktion bei der Reduzierung des Kraftstoffverbrauchs des Fahrzeugs. Deshalb soll sie hier eingehender betrachtet werden.

Der Vorteil der elektrischen Bremsenergierückgewinnung an einem Fahrzeug mit folgenden Eigenschaften wird untersucht:

- Fahrzeugmasse: 1.250 kg
- 1,0 l Benzinmotor
- 6-Gang-Schaltgetriebe

Dieses Fahrzeug verwendet eine Stopp- und Startfunktion, die das Ausschalten des Motors ermöglicht, wenn sich das Fahrzeug im Stillstand befindet. Die CO_2-Emissionen dieses Fahrzeugs werden wie folgt durch Simulation berechnet:

- 119,6 g CO_2/km im NEFZ
- 119,1 g CO_2/km im WLTC

Da das Prozedere für den *WLTC* noch nicht abschließend festgelegt ist, wird der *NEFZ* (beispielsweise die Starttemperatur) in diesem Fall weiterhin verwendet.

In unserer Untersuchung wird die elektrische Maschine seitlich am Motor montiert und mit der Motorwelle über einen Riemen verbunden, um den Generator zu ersetzen. Während der Bremsphase des Fahrzyklus befindet sich die elektrische Maschine im Generatormodus, um eine 48 V-Batterie zu laden. Die gespeicherte Energie kann dann wiederverwendet werden, um die elektrischen Verbraucher über einen DC/DC-Wandler zwischen der 48 V-Batterie und dem 12 V-Bordnetz zu speisen, oder die Energie wird direkt von der elektrischen Maschine im Motormodus verwendet und reduziert so die benötigte Leistung, die von dem internen Verbrennungsmotor geliefert werden muss.

Abbildung 6 zeigt die Neuverteilung der Energie, die während der Bremsphase des *NEFZ* aufgenommen wird, gegenüber der Bremsleistung. Die Bremsleistung ist die Leistung, die bei der entsprechender Verringerung der kinetischen Energie auftritt. Reibleistung durch Rollwiderstand und aerodynamischen Widerstand sind nicht enthalten. Die Verteilung hängt von den Fahrzeugeigenschaften ab (inkl. Bereifung).

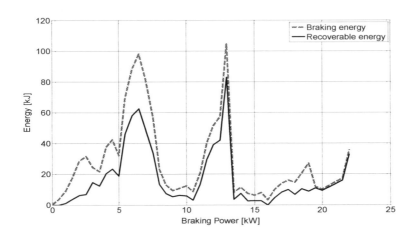

Abb. 6 :   Neuverteilung der Bremsenergie im NEFZ

Bei der Verteilung der Bremsenergie für den NEFZ können 2 Spitzen identifiziert werden. Die erste Spitze entspricht den Verlangsamungen im innerstädtischen Teil des NEFZ (die ersten 800 s). Exakt dieselben Verzögerungen werden mehrfach reproduziert. Die zweite Spitze entspricht vor allem den letzten beiden Bremsphasen, bei denen mehr Energie absorbiert werden kann, da die Fahrzeuggeschwindigkeit im außerstädtischen Fahrteil des Zyklus höher ist.

An der simulierten Fahrzeugplattform kommen 3 weitere Komponenten hinzu:

- ein 48 V – 10 kW-Elektromotor zur Aufnahme der Leistung während der innerstädtischen Bremsphasen
- eine 10 Ah Li-Ionen-Batterie, die über ausreichend Ladungsaufnahme verfügt, um sie mit der elektrischen Maschine zu verbinden
- ein 48 V DC/DC-Wandler

Mit der seitenmontierten RSG- Architektur kann nur ein Teil der Bremsenergie zurückgewonnen werden. Ein weiterer Teil geht im Getriebe verloren oder wird vom Schleppmoment des Motors absorbiert. Die regenerierbare Energie (die Energie, die vom elektrischen System zurückgewonnen werden kann) beträgt dann nur etwa 60 % der Gesamtbremsenergie (siehe Abbildung 7).

Wenn die Energierekuperation darüber hinaus nur bei Erkennung einer Betätigung des Bremspedals durch den Fahrer aktiviert wird, führen die Bremsen einen Teil der regenerierbaren Energie parallel zur Rückgewinnung der elektrischen Energie ab.

Schließlich lässt sich nicht die gesamte verbleibende Energie zurückgewinnen: Die elektrische Maschine weist eine beschränkte Leistungsfähigkeit auf, und die Ladungsaufnahme der Batterie kann ebenfalls ein begrenzender Faktor sein. An dem simulierten Fahrzeug konnten im *NEFZ* 37 % der Bremsenergie in elektrische Energie umgewandelt werden.

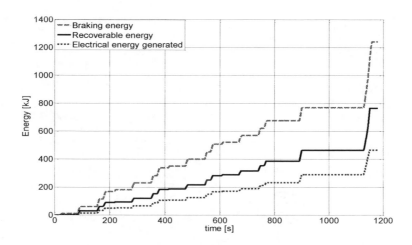

Abb. 7:   Gesamtbremsenergie und zurückgewonnene Energie im NEFZ

Eine ähnliche Analyse der Rückgewinnung während des Bremsvorgangs kann im WLTC erfolgen. In Abbildung 8 ist eine ausgeprägte Energiespitze zwischen 2 und 3 kW zu erkennen. Diese Spitze entspricht der langsamen Abbremsung im Drehzahlprofil des Fahrzeugs. Nur eine sehr geringe Menge der Energie lässt sich an dieser Stelle zurückgewinnen, weil am simulierten Fahrzeug nahezu die gesamte Energie durch die Motorverluste absorbiert wird.

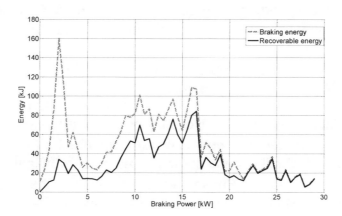

Abb. 8:   Neuverteilung der Bremsenergie im WLTC

Im WLTC ist das Fahrzeug - bei Verwendung desselben elektrischen Systems, wie es als Basis für den *NEFZ* definiert wurde - in der Lage, 29 % der Bremsenergie zurückzugewinnen (siehe Abbildung 9).

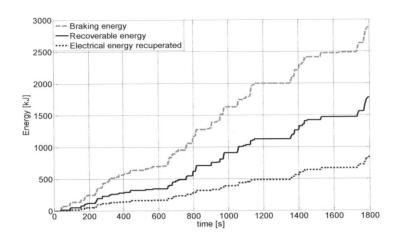

Abb. 9:   Gesamtbremsenergie und zurückgewonnene Energie im WLTC

Die Rekuperation der Energie während der Bremsphase allein führt nicht zur Reduzierung des Kraftstoffverbrauchs. Es geht um die Wiederverwendung dieser Energie, die eine Reduzierung der benötigten Energie für den Motor ermöglicht.

Die implementierte Strategie bewirkt, dass die wiedergewonnene Energie hauptsächlich verwendet wird, um die elektrischen Verbraucher des 12 V-Bordnetzes über den DC/DC-Wandler zu speisen. Dies lässt sich am 48 V SOC-Profil (Abbildung 10) durch eine konstante Verringerung des SOC ablesen (z. B. zwischen 1150 s und 1350 s). Bei dem Versuch steigt der SOC nur während der Bremsphasen. Die zurückgewonnene Energie ist mehr als ausreichend, um das 12 V-Bordnetz zu speisen. Folglich kann die komplette Generatorleistung, wie sie bei einem Standardfahrzeug üblich ist, eingespart werden.

Die verbleibende überschüssige elektrische Energie, die auf regeneratives Bremsen zurückzuführen ist, kann wiederverwendet werden, um das Fahrzeug anzutreiben. Dies lässt sich am SOC-Profil anhand der stärkeren kurzen Entladung der Batterie erkennen. Während jener kurzen Phasen arbeitet die elektrische Maschine im Motormodus und liefert das Drehmoment für die Motorwelle. Gleichermaßen kann der Verbrennungsmotor „heruntergefahren" werden.

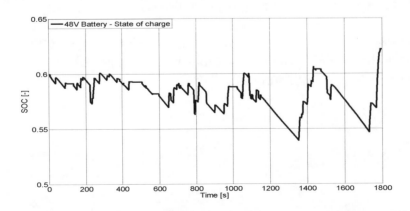

Abb. 10:   Profil des Ladestatus der 48 V-Batterie im WLTC

5 Versuchsergebnisse

Die nachfolgenden Ergebnisse beziehen sich auf eine Systemkonfiguration von 6kW cont., 14kW peak. Fahrzeug und Komponenten sind in Abb. 2 dargestellt.

CO_2 Savings		Standard Cycle		Real Driving	
		NEDC	WLTC	Inter-urban	Urban
Basis C-Segment vehicle gasoline	12 V Start-Stop	− 4,5 %	− 2,4 %	− 1,0 %	− 3,6 %
48 V Eco Drive Potential	Enhanced Start-Stop	− 1,5 %	− 1,6 %	− 4,9 %	− 8,7 %
	Recuperation	− 8,6 %	− 5,3 %		
			− 4,3 %	− 5,6 %	
	Opt. ICE operation*	− 4,5 %		− 4,5 %	− 11,2 %
				− 2,8 %	
	Predictive driving strategy E-Horizon*				− 4,5 %
*Calculated values					− 2,1 %
Total CO₂ economy (exclusive 12 V Start-Stop)		10,1 % to 14,6 %	6,9 % to 11,2 %	10,5 % to 17,8 %	19,9 % to 26,5 %

Abb. 11: Übersicht Ergebnisse

Unten sind die Einsparungen zusätzlich zu Start- Stop angegeben. Den größten Beitrag zur CO_2-Reduktion (8,6%) leistet hierbei die Rekuperation in Normzyklen, die Wirkung der Coasting– Funktion ist dagegen eingeschränkt wegen des einzuhaltenden Geschwindigkeitsprofils. Die genutzte Bremsenergie ist hinreichend, um im NEFZ z.B. das Bordnetz des Fahrzeugs ohne Einsatz von Kraftstoff zu versorgen. Energieüberschüsse in Realzyklen konnten zur Unterstützung des Antriebs verwendet werden. Es wurden so zusätzlich zu Stop- Start Einsparungen von 10,1- 14,6% (*NEFZ*) und von 6,9 bis 11,2% (WLTC) erreicht, reduzierte Pumpverluste des Verbrennungsmotors durch Zylinderabschaltung können die Rekuperation verbessern („Opt. ICE operation") und damit das CO_2-Gesamtergebnis.

Um den tatsächlichen Kundennutzen des 48 V Eco- Drive Systems zu ermitteln, wurden Testfahrten in einem repräsentativen Stadt- und Überlandzyklus durchgeführt. Dies erfolgte mit verschiedenen Fahrern und unterschiedlichem Verkehrsaufkommen. Der Stadtzyklus beschreibt einen Rundkurs von circa 11 km durch verschiedene Geschwindigkeitszonen bei einer kumulierten Höhendifferenz von rund 180 m. Der Überlandkurs mit einer Wegstrecke von 92 km und über 1000 Höhenmetern enthält vorwiegend Land- und Bundesstraßenanteile. Aus den gewonnenen Ergebnissen lässt sich eine deutliche Abhängigkeit von Verkehrssituation und Fahrverhalten ablesen. Im Überlandzyklus konnte der 48 V Eco Drive bis zu 10,5- 17,8% Kraftstoff einsparen zusätzlich zu Start- Stop. Abhängig vom Fahrstil sind in der Stadt Einsparungen von 19,9% bis zu 26,5% erreichbar. In

Realzyklen ist dieser Verbrauchsvorteil vor allem auf die Coasting- Funktion und die Rekuperation zurückzuführen.

Die State of Charge Prognose des prädiktiven Energiemanagements sagt den Ladezustand des 48 V Energiespeichers mittels des Fahrstreckenrekonstruktors beispielsweise durch Selektion von relevanten Navigationsdaten voraus. Damit lassen sich Energiezu- und Abflüsse durch Start-Stopp-Phasen, Gefällestrecken, Fahrereinfluss und elektrische Verbraucher vorhersagen. Die 48 V Batterie kann so bedarfsgerecht konditioniert werden, um unnötiges Nachladen durch den Verbrennungsmotor zu vermeiden und ausreichend Energie vorzuhalten.

6 Zusammenfassung

Das 48 V Eco Drive System in Verbindung mit einem hierauf abgestimmten Antriebs- und Energiemanagement leistet einen wesentlichen Beitrag, um CO_2 -Ziele der Zukunft zu erfüllen. Sowohl Simulationsergebnisse als auch Prüfstandmessungen ergaben in normierten Zyklen ein hohes Einsparpotenzial über aktuelle Start-Stopp Systeme hinaus.

Mithilfe der Simulationsrechnung wurden die Systemkomponenten so dimensioniert, dass das Kosten- Nutzenverhältnis optimiert werden konnte.

Im realen Kundenbetrieb ist dank der Coasting- Funktion ein nochmals deutlich höherer Verbrauchsvorteil möglich. Verbesserte Verfügbarkeit und optimierter Komfort der Start-Stopp-Funktion steigern dabei deren Kundennutzen erheblich. Zudem profitiert die Fahrbarkeit von dem hohen Zusatzmoment mit dem das 48 V System im unteren Drehzahlbereich unterstützen kann.

Der 48 V Eco Drive mit Batterie, Motor mit integriertem Wechselrichter und DC/DC-Wandler läßt sich relativ einfach in Fahrzeuge einbeziehen und mit verschiedenen Verbesserungen der Verbrennungstechnologie vorteilhaft ergänzen, wie etwa Turboladung und Direkteinspritzung.

Da die 48 V-Technologie ein sehr gutes Verhältnis zwischen Kraftstoffersparnis, System- und Integrationskosten bietet, weist sie ein hohes Potenzial auf, zum Standard in mehreren Marktsegmenten zu avancieren.

7 Literatur

[1]   Kozlowski, F.: „Mild-Hybrid-Antriebe: die Synergie von Verbrennungs- und Elektromotor"; Verlag moderne industrie, 2004

[2]   Keller M.: „Safety and Supervising Measures and Modular Kit Concept of Lithium Ion Energy Storages for Hybrid and Electric Vehicle Applications"; AABC EUROPE 2010

[3]   Hackmann, W.; Rudorff, A.; Günsayan, Y.: „Design of a 48V-Belt driven Starter Generator-System drawing special system requirements into account"; HdT-Tagung „EEHE", Miesbach, 2012

8 Glossar

NEFZ:	*Neuer Europäischer Fahrzyklus*
WLTC:	*Worldwide Light-duty harmonised Test Cycle*
SOC	*State of charge*

Elektrische Zusatzaufladung – neue Freiheitsgrade durch höhere Bordnetzspannungen

Dr.-Ing. Richard Aymanns [a]

Dipl.-Ing. Tolga Uhlmann [a]

Dr.-Ing. Johannes Scharf [a]

Dipl.-Ing. Carolina Nebbia [a]

Dipl.-Ing. Björn Höpke [b]

Dipl.-Ing. Dominik Lückmann [b]

Dr.-Ing. Michael Stapelbroek [a]

Dipl.-Ing. Thorsten Plum [b]

a: FEV GmbH, Aachen

b: Lehrstuhl für Verbrennungskraftmaschinen, RWTH Aachen University

© Springer Fachmedien Wiesbaden GmbH, ein Teil von Springer Nature 2018
J. Liebl (Hrsg.), *Der Antrieb von morgen 2014*, Proceedings,
https://doi.org/10.1007/978-3-658-23785-1_3

1 Einleitung

Die elektrisch angetriebene Aufladung ist bereits seit vielen Jahren immer wieder Gegenstand von Untersuchungen im Fahrzeugsektor. Sowohl Fahrzeughersteller als auch Zulieferer haben verschiedene Konzepte vorgestellt. Dem Konzept des elektrisch angetriebenen Verdichters in Kombination mit einem Abgasturbolader (TC) werden hierbei die größten Erfolgschancen eingeräumt.

Eine wesentliche Rahmenbedingung für den Einsatz der elektrischen Aufladung stellt die zur Verfügung stehende Energie dar. Bei sinnvollen Stromstärken ist dies durch die Bordnetzspannung limitiert. Durch eine Erhöhung der Bordnetzspannung ergeben sich so, auch für den elektrisch angetriebenen Verdichter erweiterte Dimensionierungs- und Einsatzmöglichkeiten.

Das Potential, das sich aus einer Steigerung der Bordnetzspannung für den Einsatz des elektrisch angetriebenen Verdichters ergibt, soll in dieser Arbeit beleuchtet werden. Die Leistungsfähigkeit der elektrischen Aufladung wird zusätzlich anhand des Ansprechverhaltens des Motors im Vergleich zu zukünftigen Konzepten der Abgasturboaufladung bewertet.

2 Einsatzmöglichkeiten elektrischer Zusatzaufladung am Verbrennungsmotor

Dieses Kapitel fasst die grundlegende Motivation zum Einsatz elektrischer Zusatzaufladung am Verbrennungsmotor zusammen.

2.1 Elektrische Zusatzaufladung und Transientverhalten

Die Senkung des Kraftstoffverbrauchs und der damit einhergehenden CO_2-Emissionen ist neben der Reduktion des Schadstoffausstoßes der zentrale Treiber der Motorenentwicklung. Hubraumreduktion zeigt sich hierbei als gleichsam populäres und effektives Mittel, die Effizienz des Verbrennungsmotors zu steigern. Um bei sinkenden Hubräumen verkaufswirksame Drehmoment- und Leistungszielwerte zu erreichen, werden kleine Motoren in der Regel turboaufgeladen. Abgasturboaufladung führt zu konkurrenzfähigen Volllastbetriebsdaten, ist aber nicht ganz ohne Kompromiss beim Fahrspaß. So können die Volllastleistungen des Verbrennungsmotors nur mit zum Teil deutlich wahrnehmbarer Verzögerung abgerufen werden. [1] Die Verzögerung zwischen dem durch Durchtreten des Fahrpedals geäußerten Fahrerwunsch nach Beschleunigung und der tatsächlichen Leistungsbereitstellung des Motors wird als

„Turboloch" bezeichnet. Diesem unbeliebten Phänomen wird mit zahlreichen Technologien begegnet, zum Beispiel:

- Direkteinspritzung in Kombination mit Ventiltriebsvariabilitäten

- Wälzlagerung des Turboladerlaufzeugs

- zweiflutige Turbinen zur Erhöhung des Stoßaufladegrads

- reduzierte Trägheitsmomente

- Aufladekonzepte mit mehreren verschalteten Turboladern

Die zunehmende Elektrifizierung des Antriebsstrangs und die aktuellen Diskussionen um die Anhebung der Fahrzeugbordnetzspannung ruft in diesem Kontext die elektrische Zusatzaufladung auf den Plan [2],[3],[4].

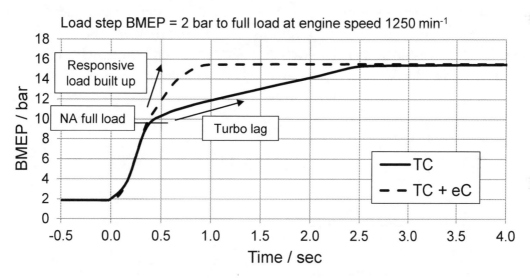

Abbildung 1: ottomotorsicher Lastsprung von Teillast auf Volllast bei einer niedrigen Motordrehzahl von 1250 min^{-1}: die Kombination von Turboaufladung mit einer elektrischen Zusatzaufladung (TC + eC) ist der reinen Turboaufladung (TC) durch einen zügigen Lastaufbau überlegen

Abbildung 1 zeigt einen Lastsprung von Teillast auf Volllast bei einer niedrigen Motordrehzahl von 1250 min^{-1}. Bei reiner Turboaufladung erfolgt der Lastaufbau ab Erreichen der Saugvolllast mit deutlicher Verzögerung. Im direkten Vergleich zeigt ein Aufladesystem, bei dem der Turbolader durch einen elektrischen Zusatzverdichter unterstützt wird, ein deutlich schnellere Lastzunahme. Ein solches Ansprechverhalten ohne spürbares Turboloch wird vom Fahrer eines Fahrzeugs in der Regel positiv bewertet.

2.2 Elektrische Zusatzaufladung und Emissionen

Der einer reinen Turboaufladung überlegene Ladedruckaufbau eines Aufladesystems mit elektrischem Zusatzverdichter ermöglicht neben dem spürbar besseren Ansprechverhalten auch das potential reduzierter Schadstoffemissionen. Dieser Aspekt gewinnt vor dem Hintergrund der Ablösung des NEDC-Fahrzeugtestzykluses (New European Driving Cycle) durch den WLTP-Fahrzeugtestzyklus (World-Harmonized Light-Vehicle Test Procedure) an Relevanz. Der WLTP-Zyklus besteht zu 42 % aus Beschleunigungsphasen. Dies bedeutet gegenüber dem NEDC-Zyklus grob eine Verdoppelung der transientphasen. Zusätzlich verschärfen sich die Beschleunigungen auch qualitativ. Die maximale Beschleunigung im WLTP-Zyklus liegt bei 1,8 m/s² und übersteigt die maximale Beschleunigung des NEDC-Zykluses damit um über 60 %.

Ein schnellerer Ladedruckaufbau ermöglicht eine zunehmende Zylinderfüllung. Dies ist – gerade beim Dieselmotor – ein willkomener Vorteil. Zum einen kann der Ladedruck zur Steigerung der In-Zylinder-Luftmasse und somit zur Vermeidung von Beschleunigungsrußstößen genutzt werden. Zum anderen ermöglicht ein spontan anliegender Ladedruck, auf die Wegschaltung der Abgasrückführung bei Transientvorgängen zu verzichten und so NO_x-Emission im Testzyklus zu reduzieren.

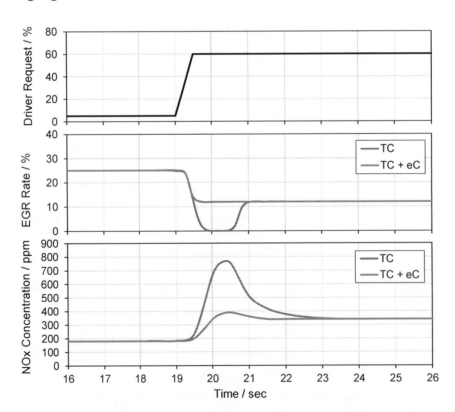

Abbildung 2: Dieselmotorischer Beschleunigungsvorgang: die Kombination von Turboaufladung mit einer elektrischen Zusatzaufladung (TC + eC) zeigt im Vergleich zur reinen Turboaufladung (TC) deutlich reduzierte NO_x-Emissionen

Abbildung 2 zeigt das Emissionsverhalten eines Dieselmotors mit und ohne elktrischer Zusatzaufladung im Vergleich. Abgebildet ist ein Transientvorgang, bei dem der Fahrer aus einem stationären Betriebspunkt niedriger Last das Gaspedal betätigt (5 auf 60 % innerhalb von 0,4 sec). Der Betrieb mit reiner Turboaufladung ist bezüglich des Ladedruckaufbaus unterlegen. Zur Vermeidung rußintensiver Anfettung wird das AGR-Ventil (Abgasrückführung) vollständig geschlossen und die NO_x-Emissionen steigen entsprechend. Die Ergänzung des Turboladers um eine elektrische Zusatzaufladung ermöglicht einen schnelleren Ladedruckaufbau und gestattet so, dem Brennräumen ohne nachteilige Rußemission AGR zuzuführen. Der NO_x-Konzentrationspeak im Abgas kann so während des transientvorgangs um fast 50 % reduziert werden und liegt so nur noch geringfügig über dem stationär erreichten Endwert.

2.3 Elektrische Zusatzaufladung im Stationärbetrieb

Bei der einstufigen Turboaufladung eines modernen Downsizingmotors gerät die Positionierung des Verdichterbetriebsbereichs in der Regel in eine Zielkonflikt zwischen Low-End-Torque (LET) und Nennleistungspunkt. Die elektrische Zusatzaufladung hat das Potential hier für Entspannung zu sorgen [7]. So kann die Auswahl des Turboladerverdichters anhand des Nennleistungszielwerts getroffen werden. Der damit einhergehend limitierte Turboladerverdichterbetrieb bei niedrigen Motordrehzahlen und hohen Lasten (Pumpgrenze) kann durch einen elektrisch angetriebenen Zusatzverdichter ergänzt werden. Dieser kann die Aufladung im LET-Betriebsbereichs übernehmen. So wird die Kombination sehr anspruchsvoller LET-Zielwerte und höchster spezifischer Leistungen möglich.

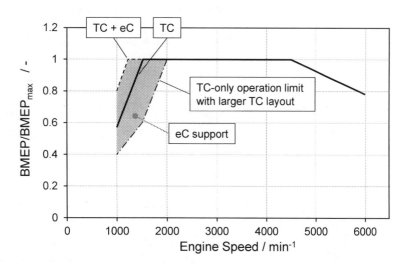

Abbildung 3: Lösung des Zielkonflikts zwischen LET- und Nennleistungsauslegung durch elektrische Zusatzaufladung

Abbildung 3 zeigt die Lösung des Zielkonflikts zwischen LET- und Nennleistungsauslegung durch elektrische Zusatzaufladung. Trotz Auswahl eines größeren Turboladerverdichters ist die Darstellung eines überlegenen LETs möglich.

Wird der elektrische Zusatzverdichter stationär genutzt und der Turboladerverdichter entsprechend auf den Nennleistungspunkt ausgelegt, so kann auch die Turboladerturbine größer dimensioniert werden. Vor dem Hintergrund zunehmender Relevanz des Volllastverbrauchs ist dies ein attraktiver Freiheitsgrad. Hier ist ein Verbrauchspotential von 2 bis 3 % erschließbar.

Abbildung 4 zeigt dieses Verbrauchspotential im Nennleistungspunkt durch die Einführung elektrischer Zusatzaufladung und entsprechende Vergrößerung des Turboladers. Neben der Absenkung des Abgasgegendrucks reduziert der größere Turbolader zusätzlich bei konstanter Abgastemperatur den Anfettungsbedarf.

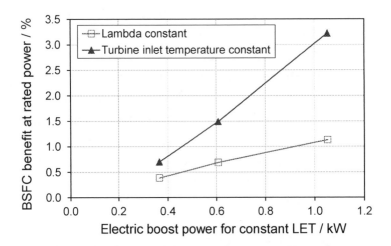

Abbildung 4: Verbrauchspotential im Nennleistungspunkt durch die Einführung elektrischer Zusatzaufladung und entsprechende Vergrößerung des Turboladers.

Entscheidend über die Umsetzbarkeit einer stationären elektrischen Aufladestrategie ist die sichere Energiebereitstellung. Dieser Punkt wird in einem nachfolgenden Kapiteln detailliert adressiert.

3 Aufladekonzepte mit elektrischer Zusatzaufladung

Die elektrisch angetriebene Zusatzaufladung wird in den gängigen Konzepten kombiniert mit einem singulären Abgasturbolader. Der elektrisch angetriebene Verdichter wird hierbei in der Regel mit dem Turboladerverdichter in Reihe geschaltet (eine sogenannte 2-Stufige Anordnung) und kann prinzipiell hinter dem

Turboladerverdichter oder vor dem Turboladerverdichter angeordnet werden. Abbildung 5 zeigt beiden Konfigurationen.

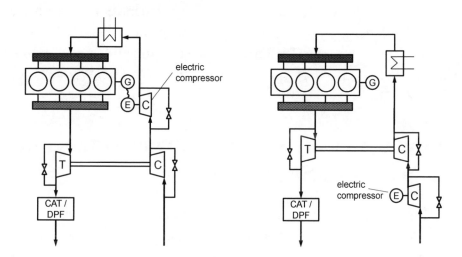

Abbildung 5: Möglichkeiten zur Anordnung von Turbolader und elektrischer Zusatzaufladung: (1) hinter dem Turboladerverdichter und (2) vor dem Turboladerverdichter angeordnet werden

Beide möglichen Schaltvarianten haben Vorteile. Eine Übersicht der Bewertung einzelner Kriterien zeigt die Matrix in Abbildung 6.

	TC + eC	eC + TC
Package	o	⊹
Transient Response	⊹	o
Thermomechanical Load (for the eC)	-	⊹
Development Effort	o	⊹
TC Performance	⊹	-

Abbildung 6: Bewertungsmatrix der Schaltung des elektrischen Zusatzverdichters vor Turboladerverdichter im Vergleich zur Anordnung nach Turboladerverdichter

Eine Platzierung vor dem Turboladerverdichter birgt den Vorteil einer flexibleren Positionierung des Aggregats. Die Umgebungsbedingungen liegen bezüglich Temperatur und Druckrand auf niedrigerem Niveau. Diese ermöglichen potentiell den Einsatz von kostengünstigen Kunststoffgehäusen und Kunststoffverdichterrädern. Auch die direkte Integration von Leistungs- und Steuerelektronik ist in diesem Ambiente leichter realisierbar. Nachteilig wirkt sich diese Anordnung auf das Betriebsverhalten des Turboladerverdichters aus. Durch den höheren Eintrittsdruck verschiebt sich der Betriebspunkt in Richtung Pumpgrenze, was unter Umständen ein breiteres Verdichterkennfeld erforderlich macht.

Eine Platzierung hinter dem Turboladerverdichter ermöglicht in der Regel kürzere Kabelverbindungen, was je nach Bordnetzspannung empfindlichen Einfluss auf elektrische Transportverluste oder auszulegende Kabelquerschnitte haben kann. Auch reduziert sich durch eine saugrohrnahe Anordnung des elektrisch angetriebenen Verdichters das durch die Aufladeaggregate zu füllende Volumen der Ladedruckstrecke. Dies verbessert das – ohnehin gute – Transientverhalten des Motors mit elektrischer Zusatzaufladung.

4   Potential der elektrischen Zusatzaufladung durch Bordnetzspannungssteigerung

Vor dem Hintergrund steigender Elektrifizierung von Nebenaggregaten und zunehmendem Stromverbrauch im Automobil wächst der elektrische Leistungsbedarf. Um die elektrischen Transportverlust in Grenzen zu halten ist die Anhebung der Bordnetzspannung ein probates Mittel. Eine Steigerung der Bordnetzspannung von 12 auf 48 V wird als ausgewogene Lösung gesehen [5],[6]. Die Spannungssteigerung um Faktor 4 kann als hinreichend bezeichnet werden und tangiert dabei nicht die Obergrenze des elektrischen Berührschutzes (60 V).

Eine Einführung von 48 V ins Automobil ist hierbei durchaus als paralleles Spannungsniveau zum 12 V Netz vorstellbar. In einem solchen Bordnetz sind die beiden Spannungsniveaus über einen entsprechenden Spannungswandler verbunden. Der parallele Einsatz von elektrischen 12 V und 48 V Komponenten ist dadurch möglich.

4.1   Potential im Transientbetrieb

Zur Untersuchung der Relevanz der Bordnetzspannung auf das Potential elektrischer Zusatzaufladung wurden mit Hilfe von Ladungswechselsimulationen zunächst rein motorische Untersuchungen bei Lastaufschlag ohne Motordrehzaländerung durchgeführt. Abbildung 7 zeigt die Lastsprungergebnisse an einem 2,0 l Ottomotor bei zwei Drehzahlen: 1250 min^{-1} und 3000 min^{-1}. Bei beiden Untersuchungen wurde die Last von einem niedrigen Teillastpunkt (effektiven Mitteldruck 2 bar) auf das Volllastniveau (1250 min^{-1}; 15 bar und 3000 min^{-1}; 21 bar) angehoben.

Die Aufladestrategien mit elektrischer Zusatzaufladung sind der reinen Turboaufladung überlegen. Die elektrische Zusatzaufladung kompensiert selbst im kritischsten Betriebsbereich niedriger Motordrehzahlen („Turboloch") die transiente Schwäche der reinen Turboaufladung. So vergehen mit einem 12 V System zwischen dem Zeitpunkt des Erreichens der Saugvollllast und des Erreichens von 90 % des stationären

Drehmomentwertes nur noch 0,4 sec (statt 1,8 sec mit reiner Turboaufladung). Bei dem Einsatz eines 48 V Systems reduziert sich der Wert sogar noch weiter auf 0,2 sec.

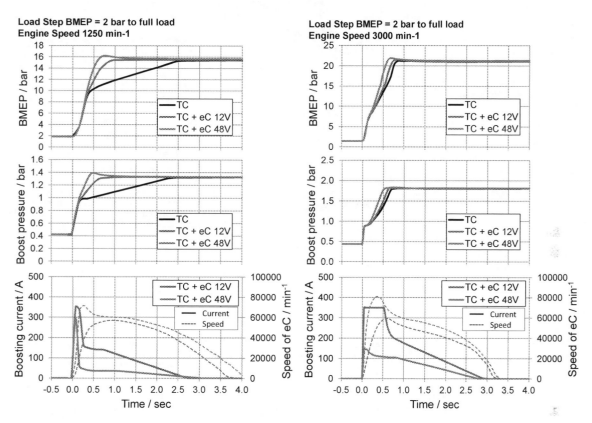

Abbildung 7: Ottomotorsicher Lastsprung von Teillast auf Volllast bei zwei Motordrehzahl 1250 und 3000 min^{-1} für drei Aufladestrategien: reine Turboaufladung, Turboaufladung mit elektrischer Zusatzaufladung bei 12 V und Turboaufladung mit elektrischer Zusatzaufladung bei 48 V

Die elektrische Zusatzaufladung zeigt hier ein sehr attraktives Verhalten und grenzt in der 48 V Konstellation sogar an Werte vergangener, hubraumstarker Saugmotorkonzepte. Hintergrund ist die steilere Drehzahlrampe, die selbst bei in der Spitze niedrigeren und auch kürzer anliegenden Stromstärken möglich ist.

Um abschätzen zu können, inwieweit sich die im Lastsprung bei konstanter Motorrehzahl beobachteten Potentiale auch bei einer tatsächlichen Fahrzeugbeschleunigung wiederfinden lassen, wurden im nächsten Schritt Simulationen zum Elastitzitätsverhalten durchgeführt. Betrachtet wurde ein Fahrzeug mit einem Gewicht von 1600 kg bei einer Beschleunigung von 80 auf 120 km/h bei konstanter Gangwahl. Abbildung 8 zeigt den Beschleunigungsvorgang für den höchsten Getriebegang, bei dem sich eine Motorstartdrehzahl von n = 1480 min^{-1} ergibt.

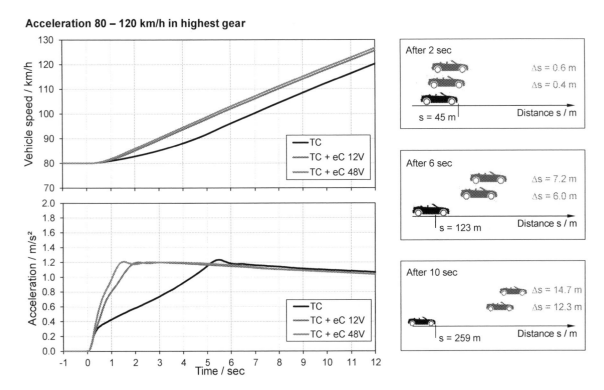

Abbildung 8: Fahrzeugbeschleunigung 80 – 120 km/h im höchsten Gang; Fahrzeug Referenzgewicht 1600 kg; Motorstartdrehzahl n = 1480 min^{-1}

Ähnlich den Lastsprungergebnissen ist auch in der Fahrzeugbeschleunigung ein deutlich verbessertes Ansprechverhalten mit elektrischer Zusatzaufladung zu erkennen. Die maximale Beschleunigung wird beim 12 V System bereits nach 2 s und beim 48 V System sogar schon nach 1,5 s erreicht. Dies dürfte sich für den Fahrer in einem wesentlich spontaneren Beschleunigungsempfinden spürbar machen. In der tatsächlichen Fahrzeuggeschwindigkeit und in der zurückgelegten Wegstrecke ist zwischen den Systemen mit 12 V und 48 V kein wesentlicher Unterschied zu erkennen.

Die Vorteile, die sich durch die elektrische Zusatzladung für die Fahrzeugbeschleunigung ergeben, sind jedoch auch stark von der gewählten Getriebestufe abhängig. Abbildung 9 zeigt diesen Zusammenhang anhand der unterschiedlichen Wegstrecken nach 2 s und 6 s für die Beschleunigung von 80 auf 120 km/h in den Getriebestufen 4, 5 und 6. Mit niedrigerer Gangwahl nimmt der Einfluss der elektrischen Zusatzaufladung stark ab, was in der steigenden Motorstartdrehzahl und dem damit verbundenen geringeren Turboloch begründet liegt. Bei der Beschleunigung im 4. Gang ist nur noch ein sehr geringer Vorteil für die elektrische Zusatzaufladung zu verbuchen.

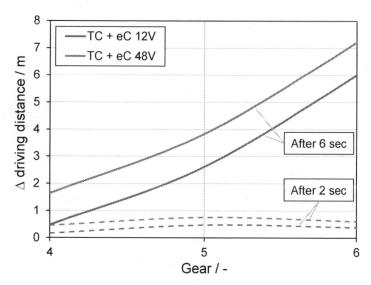

Abbildung 9: Differenz der zurückgelegten Wegstrecke nach 2 s und 6 s bezogen auf die Basis (TC) bei der Fahrzeugbeschleunigung 80 – 120 km/h in Abhängigkeit der Getriebestufe

Für die Bewertung und Einführung eines solchen Systems spielt also auch das Schaltverhalten des Fahrers und gegebenenfalls auch die Auswahl von Automatik- oder Schaltgetriebe eine nicht zu vernachlässigende Rolle.

Zusätzlich gilt es aber auch zu bewerten, in wieweit sich die transienten Vorteile der elektrischen Zusatzaufladung auch durch andere Technologien oder Konzepte erreichen lassen. Ein möglicher Ansatz besteht darin, elektrische Energie nicht in einer Zusatzaufladung zu nutzen, sondern über einen Elektromotor als Drehmoment direkt auf die Kurbelwelle zu übertragen. In der Regel wird in der Diskussion zur Einführung eines Bordnetzes mit höherer Spannung bereits ein solcher Motor mit berücksichtigt, sei es ein BSG (Belt-driven Starter Generator), ein ISG (Integrated Starter Generator) oder ähnliche Systeme. Entsprechende Leistungsdaten für ein BSG System wurden von Schmid [1] vorgestellt. Demnach lassen sich bei einer Motordrehzahl von 1500 min^{-1} etwa 9,8 kW mechanische Leistung auf die Kurbelwelle übertragen. Bei dem hier gezeigten 2,0 l Ottomotor entspricht das einer äquivalenten Mitteldrucksteigerung von 3,8 bar. Dies reicht jedoch nicht aus, das Turboloch zu schließen, so daß der Beschleunigungsvorgang mit BSG-Unterstützung in der frühen Beschleunigungsphase bei allen Gängen hinter dem System mit elektrischer Zusatzaufladung zurücksteht. Nach Erreichen der Volllast kann durch das zusätzliche Drehmoment zwar eine höhere Beschleunigung erreicht werden, für das Fahrempfinden spielt aber gerade die frühe Phase eine dominierende Rolle.

Ein wesentlicher Vorteil der elektrischen Zusatzaufladung gegenüber einer direkten Drehmomenterzeugung besteht in einer höheren Leistungsausbeute am Motor. Bei der elektrischen Zusatzaufladung wird lediglich die Luft verdichtet, die eigentliche

11

Leistungsausbeute stammt aus der damit verbundenen Umsetzung einer größeren Kraftstoffmenge und der darin gebundenen chemischen Energie. Wie von Münz in [Münz] gezeigt wurde, liegt die gewonnene Motorleistung etwa um den Faktor 10 höher als die eingesetzte elektrische Leistung.

Ein weiterer Ansatz zur Steigerung des Ansprechverhaltens ohne elektrische Zusatzaufladung besteht darin, das Betriebsverhalten des Turboladers selbst zu verbessern. Auch auf diesem Gebiet macht die Entwicklung weiterhin Fortschritte und auch die Einführung neuer Technologien bringt weitere Potentiale mit sich. Die für das Ansprechverhalten maßgeblichen Turboladereigenschaften sind das Massenträgheitsmoment, die Lagerreibung sowie der Wirkungsgrad von Turbine und Verdichter. Um das jeweilige Optimierungspotential zu bewerten, wurden Vergleichssimulationen mit folgenden hypothetischen Verbesserungen des Turboladers durchgeführt:

- Reduktion des Massenträgheitsmoments um 60 % (Änderung des Materials oder des Laufradkonzepts [8],[9],[10])

- Reduktion der Lagerreibung um 50 % (Einsatz einer Kugellagerung)

- Wirkungsgradverbesserung um 5 %-Punkte („Abradable Coating" am Verdichter oder Design-Optimierung)

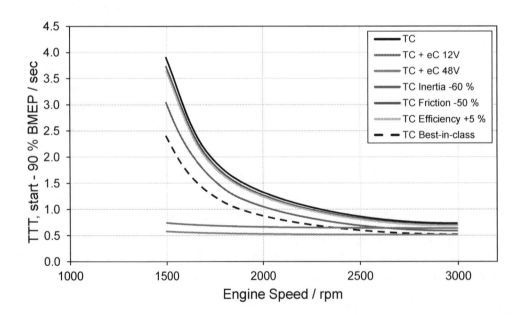

Abbildung 10: Vergleich des Ansprechverhaltens (TTT= Time to Torque) mit elektrischer Zusatzaufladung gegenüber einer Verbesserung des Turboladerverhaltens; Reduzierung des Massenträgheitsmoments um 40 %, Reibungsreduzierung um 50 %, Wirkungsgradverbesserung um 5 %, Best-in-class als Kombination der drei Optimierungsschritte

Abbildung 10 zeigt das Ansprechverhalten als Zeit zwischen Lastsprungstart und Erreichen von 90 % des stationären Mitteldrucks für die einzelnen Verbesserungsmaßnahmen am Turbolader sowie für einen „Best-in-class" Lader, bei dem alle drei Maßnahmen kombiniert wurden im Vergleich zur elektrischen Zusatzaufladung.

Den Haupteinfluss bewirkt im hier gezeigten Beispiel die Reduktion des Trägheitsmomentes. Die mit 5 %-Punkten deutlich geringere Wirkungsgradverbesserung zeigt auch im Transientverhalten nur eine geringfügige Verbesserung. Auch der Einfluss der Reibleistung fällt trotz 50 % Reduktion sehr gering aus, was vor allem auf die Randbedingungen zurückzuführen ist. Ein deutlich anderes Bild könnte sich unter Kaltstartbedingungen zeigen, bei denen die Viskosität des kalten Öls eine maßgebliche Rolle spielt.

Im Vergleich zur elektrischen Zusatzaufladung zeigt sich, daß vor allem bei niedrigsten Motordrehzahlen selbst die Kombination aus allen drei Maßnahmen nicht ausreicht, an das Ansprechverhalten der elektrischen Zusatzaufladung heranzureichen. Mit zunehmender Drehzahl nimmt der Vorteil jedoch stetig ab. Zwischen den beiden Spannungsniveaus von 12 V und 48 V ist eine annähernd konstante Differenz von 0,2 s zu erkennen.

4.2 Potential im Stationärbetrieb

Die bisher umgesetzten Komponenten zur elektrischen Zusatzaufladung erlauben in der Regel nur einen zeitlich begrenzten Betrieb, dessen Dauer von der Last abhängt. Grund hierfür ist der Schutz der Komponente und der elektronischen Bauteile vor Überhitzung. Dennoch soll hier auch das Potential beleuchtet werden, daß sich durch den stationären Einsatz einer elektrischen Zusatzaufladung eröffnet. Mit fortschreitender Entwicklung ist es durchaus denkbar, daß in Zukunft auch stationär-feste Komponenten möglich sind.

Das Potential, das durch einen stationären Einsatz entsteht, bezieht sich besonders auf zwei Aspekte. Zum einen bietet die elektrische Zusatzaufladung einen erheblichen zusätzlichen Freiheitsgrad zur Realisierung und Steuerung der Abgasrückführung, die für die Erfüllung zukünftiger Abgasrichtlinien von großer Bedeutung ist. Zum anderen kann sie einen Beitrag zur Senkung des Kraftstoffverbrauchs und damit der CO_2 Emissionen leisten. Dieser Aspekt soll im Folgenden näher betrachtet werden.

Der Kraftstoffverbrauch des Motors lässt sich mit Hilfe der elektrischen Zusatzaufladung auf Basis von drei Ansätzen reduzieren:

1. Durch Darstellung des LET mit Unterstützung der elektrischen Zusatzaufladung und größerer Auslegung des Turboladers. Dieser Aspekt wurde bereits in Abbildung 4 beschrieben.

2. Durch Bypassierung der Turboladerturbine und Realisierung des Ladedrucks mittels elektrischer Zusatzaufladung immer dann, wenn elektrische Energie aus Rekuperationsvorgängen zur Verfügung steht. Dadurch sinkt der Abgasgegendruck des Motors und bewirkt eine Reduzierung der Ladungswechselverluste. Der Verbrauchsvorteil, der sich so gewinnen ließe, ist in Abbildung 11 im Bereich oberhalb der Saugvolllast abgeschätzt. Mit zunehmendem Ladedruckbedarf steigt auch der Verbrauchsgewinn, in diesem Fall bis knapp über 3 %. Zu höheren Drehzahlen zeigt sich ein sinkender Verlauf, der darauf beruht, daß das Wastegate hier ohnehin geöffnet wird und so nur noch ein verminderter Zugewinn erreichbar ist. Weiteres Potential wäre hier durch Vergrößerung des Wastegates oder vollständige Bypassierung der Turbine möglich.

3. Durch Anpassung der Motor-Transientstrategie. Bei einer Vielzahl der in Serie befindlichen Turbomotoren wird das Wastegate der Turbine im Teillastbetrieb geschlossen und der entstehende Druck nach Verdichter über die Drosselklappe wieder herabgesenkt. Diese energetisch ungünstige Strategie wird in Kauf genommen, um die Turboladerdrehzahl anzuheben und so ein für den Fahrer attraktives Ansprechverhalten bei Lastanforderung zu gewährleisten. Wie im vorangegangenen Abschnitt gezeigt wurde, ist die elektrische Zusatzaufladung in der Lage, das Turboloch weitestgehend zu schließen, so daß diese Transientstrategie nicht länger erforderlich ist. Die Verbrauchsvorteile, die sich daraus erzielen lassen, sind in Abbildung 11 im Bereich unterhalb der Saugvolllast abgeschätzt. Diese Verbrauchseinsparungen ließen sich auch dann stationär im Fahrzeug nutzen, wenn die elektrische Zusatzaufladung nicht stationär, sondern nur transient zur Überbrückung der Anlaufschwäche des Turboladers eingesetzt wird.

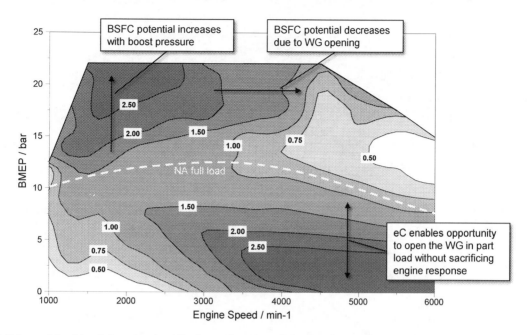

Abbildung 11: Abschätzung des Verbrauchspotentials durch Reduktion des Abgasgegendrucks, realisiert durch Öffnen des Turbolader-Wastegates und Einsatz elektrischer Zusatzaufladung

Für die Realisierung der Verbrauchsvorteile, vor allem derer, die auf der stationären Aufladung mittels elektrischer Zusatzaufladung beruhen, ist natürlich entscheidend, welche Motorkennfeldbereiche sich mit diesem Konzept abdecken lassen. Abbildung 12 zeigt dazu die Betriebsgrenzen, die sich für ein 12 V und ein 48 V System an einem 2,0 l Ottomotor ergeben.

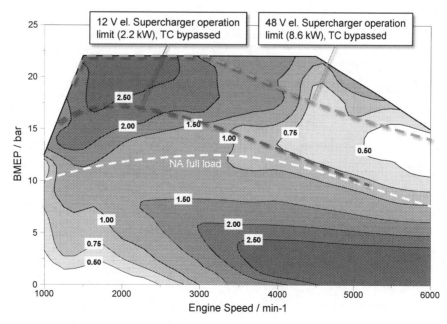

Abbildung 12: Betriebsgrenzen elektrischer Zusatzaufladung bei voll geöffnetem Turbolader-Wastegate an einen 2,0 l Ottomotor für ein 12 V und ein 48 V System

Es sei hier darauf hingewiesen, daß die dargestellten Grenzen nicht anhand von Daten eines spezifischen Aggregates ermittelt wurden. Sie wurden anhand einer Vergleichsbetrachtung gezogen, die die erforderliche Verdichterleistung aus den Motorbetriebsdaten mit den hier angenommenen Maximalleistungen von 2,2 kW bzw. 8,6 kW für die elektrische Zusatzaufladung mit 12 V und 48 V bilanziert.

Es ist zu erkennen, daß die elektrische Zusatzaufladung auf Basis eines 12 V Systems bei dieser Motorgröße in erster Linie im Bereich niedriger Motordrehzahlen bis zu einem Mitteldruck von etwa 17,5 bar einsetzbar ist. Die elektrische Leistung auf 48 V Basis dagegen ist in der Lage, nahezu das gesamte Motorkennfeld und besonders das Gebiet hoher Verbrauchsersparnis im Bereich des LET abzudecken.

4.3   Potential in Fahrzyklen

Wie sich die zuvor aufgezeigten Potentiale letztlich im Fahrzyklus widerspiegeln und wie sich die Energiebilanz zwischen Rekuperationsenergie und elektrischem Verbrauch durch die Zusatzaufladung darstellt, soll in diesem Abschnitt näher betrachtet werden. Zu diesem Zweck wurden drei verschiedene Fahrzyklen jeweils mit den folgenden Motorkonfigurationen für einen 2,0 l Ottomotor simuliert:

- Motor mit konventioneller Aufladung, ohne Rekuperation

- Motor mit konventioneller Aufladung, mit Rekuperation

- Motor mit Turboaufladung + elektrischer Zusatzaufladung, mit Rekuperation

- Motor mit konventioneller Aufladung + zusätzlicher Antriebsfunktion über den BSG zur Lastpunktverschiebung, mit Rekuperation

Das Motorkonzept mit elektrischer Zusatzaufladung wurde so ausgelegt, daß die Aufladung nur oberhalb der Saugvolllast eingesetzt wird. Als Fahrzyklen wurden der NEDC als zurzeit noch üblicher Vergleichstest, der WLTP als zukünftiger Referenzzyklus sowie der Auto-Motor-Sport Zyklus (AMS) als Vergleich für hochdynamisches Fahrverhalten ausgewählt. Auf diese Weise lässt sich auch der Einfluss des Fahrverhaltens auf die möglichen Potentiale bewerten. Als Fahrzeug wurde für die Simulationen ein PKW mit einem Gewicht von 1600 kg verwendet. Für die elektrischen Verbraucher, ohne den Anteil der Zusatzaufladung, wurde ein konstanter Wert von 400 W angesetzt.

Abbildung 13 zeigt die Ergebnisse der drei Fahrzyklen über der Zeit für die Motorkonfiguration mit elektrischer Zusatzaufladung. Neben dem Geschwindigkeitsprofil (schwarz) ist jeweils die Energie aufgetragen, die sich mechanische durch Rekuperation während der Bremsvorgänge gewinnen lässt (grün) sowie der elektrische Energiebedarf für die Zusatzaufladung (rot).

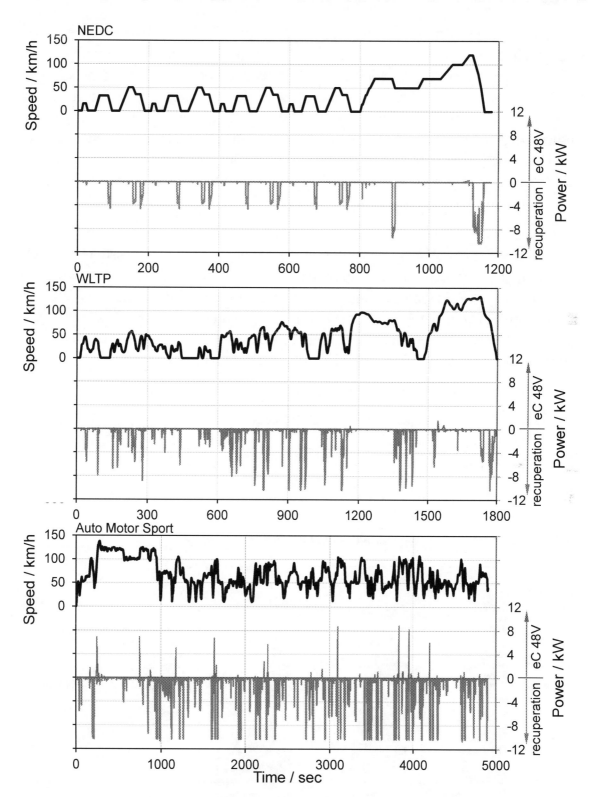

Abbildung 13: Vergleich der elektrischen Leistung aus Rekuperation (grün) und der Antriebsleistung der elektrischen Zusatzaufladung bei 48 V (rot) in verschiedenen Fahrzyklen; NEDC (oben), WLTP (Mitte) und Auto Motor Sport Zyklus (unten); Fahrzeug 1600 kg; 2,0l Otto Motor; Einsatz el. Zusatzaufladung nur oberhalb der Saugvolllast

Anhand der abgebildeten Graphen wird deutlich, daß die Wahl des Fahrzyklus einen ganz erheblichen Einfluss auf den Einsatz der Zusatzaufladung und gegebenenfalls auch auf deren Bewertung hat. Sowohl der NEDC als auch der WLTP werden bei dieser Fahrzeugkonfiguration nahezu vollständig durch den Kennfeldbereich unterhalb der Saufvolllast abgedeckt. Nur im letzten Abschnitt sind kurze Betriebsbereiche der Zusatzaufladung zu erkennen, die in beiden Fällen auch unterhalb der Leistungsgrenze für ein 12 V System liegen. Lediglich im AMS Zyklus finden sich vermehrt Einsätze der Zusatzaufladung, von denen 10 oberhalb der 12 V Leistungsgrenze liegen und einige sogar an die Grenze eines 48 V Systems heranreichen.

Auch wenn die elektrische Zusatzaufladung in den Fahrzyklen nur verhältnismäßig selten zum Einsatz kommt, kann aber die veränderte Motorbetriebsstrategie (siehe Abbildung 11) dennoch zu einer Verbrauchsreduktion beitragen. Bei der Bewertung dieses Beitrags ist zu berücksichtigen, daß sich aus der Einführung einer erhöhten Bordnetzspannung generell mehrere Verbrauchspotentiale ergeben. Um den Anteil darin zu bewerten, der durch die Zusatzaufladung generiert wird, wurde der Verbrauchsgewinn auf die folgenden drei Anteile aufgeschlüsselt:

- Reduktion des Generatorbetriebs, ermöglicht durch Bremskraftrückgewinnung

- Absenkung des Abgasgegendrucks durch die mit elektrischer Zusatzaufladung veränderte Motorstrategie (beinhaltet auch den Verbrauchsvorteil unterhalb der Saugvolllast)

- Lastpunktverschiebung durch Antriebsunterstützung über den BSG

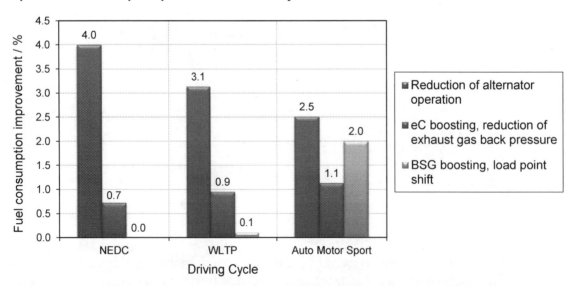

Abbildung 14: Aufschlüsselung der möglichen Verbrauchsvorteile durch höhere Bordnetzspannung in den Fahrzyklen NEDC, WLTP und Auto Motor Sport

In allen drei untersuchten Fahrzyklen wird der Hauptanteil der Kraftstoffersparnis durch die Einführung der Bremskraftrückgewinnung erzielt. Gleichzeitig ist in Abbildung 14 aber auch zu erkennen, daß die Ersparnis mit zunehmender Dynamik des Fahrzyklus abnimmt, da hier mit dem Motorbetriebspunkt auch der Generatorbetrieb in Bereiche günstigeren Kraftstoffverbrauchs verschoben wird.

Die Verbrauchsersparnis, die sich aus dem geringeren Abgasgegendruck für das Motorkonzept mir elektrischer Zusatzaufladung darstellt, beträgt etwa 1 % und wird selbst im AMS Zyklus in erster Linie im Sauglastbereich gewonnen.

Die Möglichkeit, über den BSG ein direktes Antriebsmoment auf die Kurbelwelle zu übertragen und damit Motorleistung und Kraftstoffeinsatz zu reduzieren, greift bei diesem Fahrzeug erst nennenswert bei hoher Fahrdynamik, liefert dann aber einen höheren Beitrag als die Senkung des Abgasgegendrucks. Wird derselbe Motor in einem um 500 kg schwereres Fahrzeug eingesetzt, steigen die Verbrauchsvorteile für diesen Anteil noch weiter an auf 0,8 % (NEDC); 1,6 % (WLTP) und 2,9 % (AMS), während die aus der Abgasgegendruckabsenkung näherungsweise konstant bleiben.

Grundsätzlich sind die einzelnen hier dargestellten Verbrauchsvorteile aber nicht konkurrierend, sondern können weitgehend kombiniert werden. Eine Voraussetzung dabei ist die Energiebilanz zwischen benötigter und zur Verfügung stehender Energie, die in Abbildung 15 für die drei Fahrzyklen für ein 48 V System aufgetragen ist.

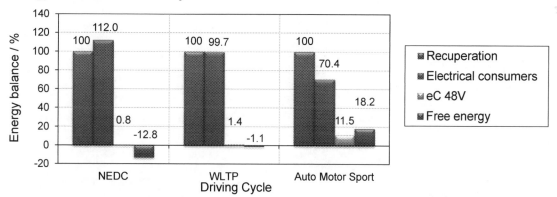

Abbildung 15: Energiebilanz zwischen Rekuperationsenergie (100 %), elektrischen Verbrauchern (400 W kontinuierlich), und elektrischer Zusatzaufladung in den Fahrzyklen NEDC, WLTP und Auto Motor Sport

Im NEDC sowie im WLTP entspricht die durch Rekuperation gewonnene Energie etwa dem Bedarf durch die hier angenommenen elektrischen Verbraucher von 400 W. Die elektrische Zusatzaufladung ist aufgrund des geringen Einsatzes mit 0,8 % bzw. 1,4 % in diesen Zyklen vernachlässigbar. Mit anders gewählten Betriebsstrategien kann sich dies natürlich noch einmal verschieben. Es ist aber ersichtlich, daß bei diesen Zyklen keine weitere Energie zur Verfügung steht, die für eine Antriebsunterstützung genutzt werden könnten.

Im AMS Zyklus dagegen überschreitet die rekuperierte Energie den Bedarf von elektrischen Verbrauchern und elektrischer Zusatzaufladung, der hier immerhin 11,5 % beträgt. Diese freie Energie kann dann über den BSG als zusätzliche Antriebsleistung eingespeist werden und senkt direkt den Kraftstoffverbrauch.

Wenn wir für die identischen Fahrzyklen statt des 48 V ein 12 V System einsetzen, reduziert sich die rekuperierte Energie um 40 % für den NEDC und den WLTP und für den AMS Zyklus sogar um 55 %. Damit sinkt auch das Potential des reduzierten Generatorbetriebs etwa proportional ab und der Anteil aus der Antriebsunterstützung des BSG entfällt aufgrund einer dann negativen Energiebilanz. Lediglich der Anteil aus der Abgasgegendruckabsenkung mit elektrischer Zusatzaufladung bleibt erhalten.

Für ein schwereres Fahrzeug dagegen verbessert sich die Energiebilanz, so daß dann in allen hier untersuchten Zyklen freie Energie bleibt, die über den BSG genutzt werden könnte.

5 Zusammenfassung und Ausblick

Das Potential der elektrischen Zusatzaufladung durch höhere Bordnetzspannung wurde in dieser Arbeit unter verschiedenen Aspekten beleuchtet. Im Fokus standen hier das Ansprechverhalten, sowohl im Lastsprung als auch in der Fahrzeugbeschleunigung, Möglichkeiten im Stationärbetrieb sowie abschließend Fahrzyklusbedingungen.

Für den Lastsprung bei niedriger Motordrehzahl verkürzt die elektrische Zusatzaufladung die Zeit zwischen Saugvolllast und 90 % des stationären Drehmoments von 1,8 s auf 0,4 s (12 V) bzw. 0,2 s (48 V). Bei der Fahrzeugbeschleunigung im höchsten Gang wird dadurch nach 10 s ein Vorsprung von 12,3 m bzw. 14,7 m gegenüber der Basis ohne elektrische Zusatzaufladung erreicht. Im Fahrzyklus konnte nahezu unabhängig vom Spannungsniveau ein Verbrauchsvorteil von etwa 1 % erzielt werden.

Die wesentlichen Vorteile bei der Einführung eines 48 V Systems liegen eher in der um etwa Faktor 2 höheren Energieausbeute bei der Bremskraftrückgewinnung und in steigenden Hybridisierungsmöglichkeiten. Dennoch eröffnet die Erhöhung der Bordnetzspannung letztlich die Möglichkeit, die elektrische Zusatzaufladung auch für hubraumstarke Motoren einzusetzen.

Es zeigt sich aber auch, daß die Frage der Anwendung einer elektrischen Zusatzaufladung nicht allein auf Motorebene entschieden werden kann, sondern auch Aspekte wie Fahrzeugkonzept oder Fahrverhalten berücksichtigt werden müssen. So werden die Entscheidung und die Auslegung für ein SUV, das stark für Offroad-Einsatz und Zugbetrieb eingesetzt werden soll, sicherlich anders ausfallen, als beispielsweise für ein leichtes sportlich ausgelegtes Fahrzeug.

Insgesamt bietet die elektrische Zusatzaufladung neue Freiheitsgrade für Steuerung und Betrieb des Verbrennungsmotors und kann vor allem durch die Summe und Kombinierbarkeit ihrer Einzelpotentiale zur Verbesserung von Fahreigenschaften und Schadstoffemissionen beitragen.

6 Literatur

[1] K. Habermann, O. Lang, H. Rohs, M. Rauscher: „Maßnahmen zur Verbesserung des Anfahrdrehmomentes bei aufgeladenen Ottomotoren", 8. Aufladetechnische Konferenz, Dresden, Deutschland, 2002

[2] N. Schorn, L. Gaedt, H. Schulte, O. Salvat, E. Strusi: „Electrically Driven Compressors to Supplement Exhaust Gas Turbocharging", 25. Internationales Wiener Motorensymposium 2004, Wien, Österreich 2004

[3] G. Spinner, Dr. S. Weiske, Dr. S. Münz: „Borg Warner's eBooster - the new generation of electric assisted boosting", 18. Aufladetechnische Konferenz, Dresden, Deutschland, 2013

[4] D. Durrieu, S. Decoster, Y. Wu, M. Criddle, M. Webster; M. Dufour, T. Lefevre, M. Blayer; Kintesys, M. Benard, V. Thomas: "Electric supercharger the best time to torque solution for future highly boosted gasoline engine (>50% downsizing >100kW/L)", 18. Aufladetechnische Konferenz, Dresden, Deutschland, 2013

[5] R. Schmid, W. Hackmann, P. Birke, M. Schiemann: "Design of a 48V-Belt driven Starter Generator-System drawing special system requirements into account", 10th Symposium Hybrid and Electric Vehicles, Braunschweig, Deutschland 2013

[6] J. Bast, M. Kilger, W. Galli, A. Eiser, H.Vaßen: „The opportunities for powertrain provided by the 48V electrical system", 34. Internationales Wiener Motorensymposium, Wien, Österreich 2013

[7] K. Deppenkemper, S. Glück, H. Rohs, T. Schnorbus, T. Körfer: „Einfluss der Nenndrehzahl zukünftiger Pkw-Dieselmotoren auf CO_2-Ausstoß und Kraftstoffverbrauch", 6. MTZ-Fachtagung Ladungswechsel im Verbrennungsmotor, Stuttgart, Deutschland, 2013

[8] M. Sonner, R. Wurms, T. Heiduk, A. Eiser: „Unterschiedliche Bewertung von zukünftigen Aufladekonzepten am stationären Motorprüfstand und im Fahrzeug", 15. Aufladetechnische Konferenz, Dresden, Deutschland, 2010

[9] H. Roclawski, M. Böhle, M. Gugau: "Multidisciplinary design optimization of a mixed flow turbine wheel", GT2012-68233, Proceedings of ASME Turbo Expo 2012, Copenhagen, Dänemark, 2012

[10] V. Houst, V. Kares, L. Pohorelsky: "DualBoostTM Twin-Flow: - An Ultra-Low Inertia Turbocharger Compatible with Exhaust Pulse Separation", 22. Aachen Colloquium Automobile and Engine Technology, Aachen, Deutschland, 2013

Zukünftige Traktionsmotoren für Hybrid- und Elektrofahrzeuge

Ingo Ramesohl, Oliver Eckert , Martin Braun, Tibor Murtinger, Kiriakos Karampatziakis -- Robert Bosch GmbH

Abstract

Bosch stellt in diesem Beitrag die nächste Generation Traktionsmotoren für Hybrid- und Elektrofahrzeuge vor, die die Bedürfnisse des künftigen Marktes mit einem intelligenten modularen Baukastenansatz abdecken wird. Der modulare Baukasten bedient alle Anforderungen von modernen elektrischen Achsen und elektrifizierten Doppelkupplungsgetrieben bis hin zu CVT- und PowerSplit-Getrieben. Es wird ein Leistungsbereich von 15 kW bei 48 Volt bis hin zu 310 kW bei Hochvolt abgedeckt und das bei Drehmomenten von 30 Nm bis 640 Nm. Der Baukasten umfasst sowohl magnetfreie als auch als permanentmagnetbehaftete Lösungen. Durch einfache Kombination der Grundelemente lassen sich damit Stand-Alone-Konzepte, beispielsweise auf Basis von Mantelkühlung, mit getriebeintegrierten, ölgekühlten Konzepten kombinieren. Der Baukasten zeichnet sich durch eine sehr hohe Baugrößenflexibilität aus, die auf eine innovative, höchst flexible Fertigungstechnologie aufbaut und durch die Kombination mit einem intelligenten Freigabe- und Erprobungskonzept auch geringe Stückzahlen höchst wirtschaftlich darstellen kann. Insgesamt gelingt es damit, jedem Kunden individuell die beste maßgeschneiderte Maschine sehr wirtschaftlich zur Verfügung zu stellen.

Zielsetzung

Die wesentlichen Anforderungen an zukünftige Traktionsmotoren für elektrifizierte Fahrzeuge sind neben den geringen Kosten ein hoher Wirkungsgrad, hohe Dauerdrehmoment- und Dauerleistungsdichte, sowie eine ausreichende Leistung bei maximaler Drehzahl und vor allem ein angenehmes Geräusch des Motors. Die neue Generation ermöglicht eine gezielte Optimierung auf eine Vielzahl von Kundenanforderungen mit maximalen Freiheitsgraden bei Kühl- und Intergationsanforderungen.

Marktsicht

Die jährlichen Verkaufszahlen für Neufahrzeuge für PKW und leichte Nutzfahrzeuge bis 6t steigen von etwa 80 Mio. in 2012 auf voraussichtlich mehr als 110 Mio in 2020. Der genaue Marktanteil der Hybrid- und Elektrofahrzeuge ist schwer vorauszusagen. Wir gehen heute aber von einem Wachstum im gleichen Zeitraum von 1,8 Mio in 2012 auf rund 12 Mio in 2020 aus. Dabei werden nach unserer heutigen Einschätzung Hybrid und Plug-in Hybridfahrzeuge den Hauptanteil darstellen.

© Springer Fachmedien Wiesbaden GmbH, ein Teil von Springer Nature 2018
J. Liebl (Hrsg.), *Der Antrieb von morgen 2014*, Proceedings,
https://doi.org/10.1007/978-3-658-23785-1_4

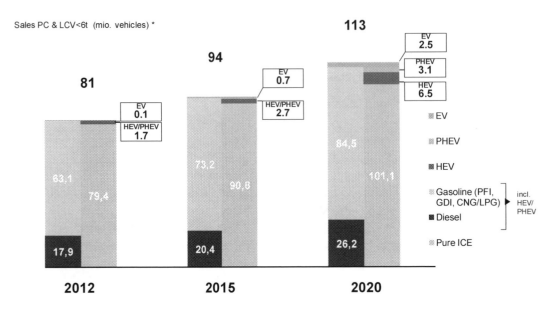

Sales PC & LCV<6t (mio. vehicles) *

Abb. 1: Volumenprognose Bosch

Dennoch spielen Fahrzeuge mit Verbrennungsmotor auch in 2020 noch weiterhin eine dominante Rolle. Die Elektrifizierung wird allerdings in den Folgejahren immer mehr an Bedeutung gewinnen.

Sowohl heute, als auch in Zukunft, wird der Markt durch ein breites Spektrum von unterschiedlichen Systemtopologien für Hybrid- und Elektrofahrzeuge geprägt sein. Den größten Marktanteil besitzen mittelfristig die Powersplit-Systeme, welche bei japanischen und US-Amerikanischen OEMs eingesetzt werden. Die Parallel-Hybrid und Axle Split Topologien finden vermehrt Anwendung im europäischen Markt. Seriell-Parallele Hybride findet man bei chinesischen und amerikanischen OEM.

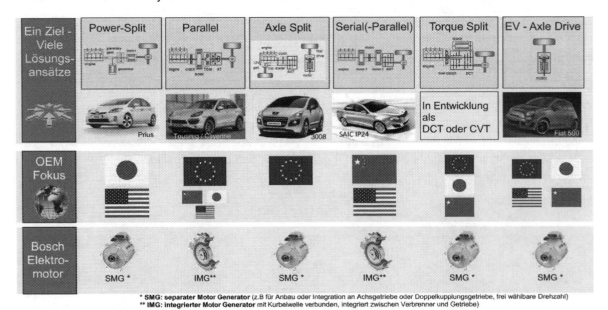

Abb. 2: Systemkonfigurationen

Torque Split Systeme mit Doppelkupplungs- oder stufenlosen Automatikgetrieben, stellen neue, vielversprechende Ansätze in Bezug auf Kosten / Nutzen dar. Bei Elektrofahrzeugen ist der Achsantrieb dominant in allen Regionen.

Ein Teil der Elektroantriebe ist direkt mit der Kurbelwelle verbunden und wird zwischen Verbrennungsmotor und Hauptgetriebe eingebaut. In diese Anordnung ist eine axial kurz bauende (scheibenförmig) Maschine notwendig. Der „Integrierte Motor Generator" (IMG) wird heute ausschließlich in Verbindung mit Verbrennungsmotoren verwendet.

Der andere Teil, der „Separate Motor Generator" (SMG), stellt die dominierende E-Maschinenbauform mit ca. 75% Marktanteil weltweit dar. Durch den von der Kurbelwelle „separaten" Einbauort ist die Drehzahl der SMG über ein Übersetzungsgetriebe frei wählbar („hochdrehende Maschine"). Die SMG wird sowohl als „stand alone" Komplettmaschine für EV Antriebe aber auch als integrierte Version für (P)HEV Anwendungen im Automatikgetriebe oder Achsgetriebe eingesetzt. Für reine EV Fahrzeuge werden ausschließlich SMG Motoren verwendet.

Bosch befindet sich ist mit beiden Motorkonzepten seit 2010 in Serie, aktuell sind es 13 Projekte. Es werden alle Elektrifizierungslevel (HEV, PHEV und EV) und Fahrzeugkategorien (Subkompakt- bis Luxusklasse) abgedeckt. Bosch hat weltweit den ersten Parallel-Hybrid (VW Touareg) und Axle Split Hybrid (PSA 3008) entwickelt.

Trends Traktionsmotoren

Zukünftige E-Antriebe für Fahrzeuge folgenverschiedenen Trends. Getrieben von immer höheren Erwartungen an Wirkungsgrad, Dauerleistung, Leistungsdichte und Geräusch kommen technologische Trends wie neue Materialien zur Verbesserung der elektromagnetischen und thermischen Eigenschaften zum Zuge. Der Trend zur Integration von Motor, Getriebe und Leistungselektronik führt zu neuen Kühlkonzepten. Die unterschiedlichen Bauräume führen zu hoher Durchmesser- und Längenvarianz, verschiedene Betriebsstrategien zu unterschiedlichen Spannungslagen. Schließlich führen die Rohstoffmärkte zu sehr volatilen Kosten der Basismaterialien und damit zur zentralen Frage der Risikominimierung durch Konzepte mit minimaler Materialspreissensitivität. Es gilt dabei, möglichst flexibel auf Rohstoffpreisschwankungen reagieren zu können oder gleich zu Beginn die Auswirkungen auf die Produktkosten durch intelligente Designkonzepte im Motor und im System möglichst gering zu halten. Aktuell sind rund 98% der elektrischen Antriebe für Automobile mit Permanentmagneten ausgestattet.

Desweiteren ist der für E-Maschinen-Lieferanten heute zugängliche Markt, welcher nicht von den Fahrzeugherstellern in Eigenfertigung bedient wird, geprägt von geringen Projektvolumen bei hoher Stückzahlvolatilität, denen man mit flexiblen Fertigungsprozessen begegnen muss. Selbst kleinste Volumen müssen heute wettbewerbsfähig darstellbar sein, allerdings müssen im Design bereits alle Elemente bekannt und vorgesehen sein, die eine optimale Hochvolumenproduktion ermöglichen. Die genaue Entwicklung des Marktes mit den Segmenten ist heute schwer vorhersagbar. Innovative Produktionskonzepte in engem Zusammenspiel mit dem Produktdesign sind die Antwort auf die Volatilität des Marktes.

Marktanforderungen für SMG Anwendungen

Die maximalen zukünftigen Peak-Leistungen für PHEV und EV Motoren liegen bei rund 300kW bei Spannungen von bis zu 800V und Phasenströmen in Einzelanwendungen von bis zu 1200A. Diese sind beispielsweise mit einem aktiven Durchmesser von etwa 220mm und einer aktiven Eisenlänge von 150mm erreichbar. Im Vergleich zu einem Verbrenner der gleichen Leistungsklasse haben diese Motoren ein deutlich kleineres Volumen.

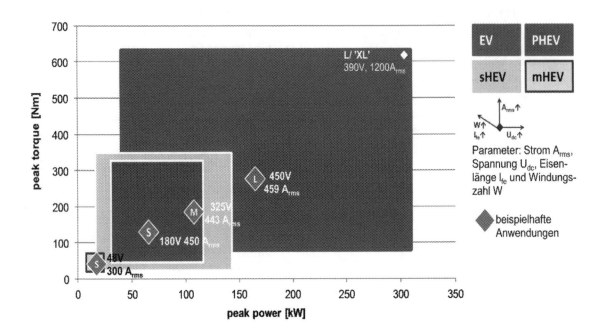

Abb 3: Baukastengrenzen

Die untere Grenze des Baukastens für Mild Hybrid Systemen liegt bei 48V, ca. 15kW und 50Nm. Das gesamte Feld der zukünftigen Anforderungen wird mit 3-5 Durchmessergrößen abgedeckt. Skalierung innerhalb einer Baugröße erfolgt wie üblich durch Eisenlänge, Windungszahlen, Drahtdurchmesser, Wickeltechnik, Strom, Spannung, Kühlkonzept und Materialkombinationen.

Key Performance Indikators

Neben den Anforderungen Drehmoment und Peakleistung gibt es weitere wichtige Leistungsfaktoren, sogenannte KPI (Key Performance Indikators) für Traktionsmotoren von Elektro- und Hybridfahrzeuge. Über diese Merkmale können sich Motoren differenzieren. Die Gewichtung der KPI hängt dabei von Fahrzeugklasse, Strategie des Fahrzeugherstellers und der Relevanz der Use-Cases für die Kunden ab.

Electric Vehicle (EV)	(Plug-in) Hybrid Vehicle (PHEV)	Mild Hybrid (mHEV), 48V
1 Effizienz	1 Drehmomentdichte (Nm/ l)	1 Effizienz
2 Dauerleistungsdichte (kW/ kg)	2 Dauerleistungsdichte (kW/kg)	2 Kosten (€/ Nm(kW))
3 NVH	3 Kosten (€/ Nm(kW))	3 Dauerleistungsdichte (kW/ kg)
4 Kosten (€/ Nm(kW))	4 Effizienz	4 NVH
5 Drehmomentdichte (Nm/ l)	5 P_{max} @ n_{max} (kW/ kg)	5 Drehmomentdichte (Nm/ l)
6 P_{max} @ n_{max} (kW/ kg)	6 NVH	

Grundsätzliche Anforderungen über alle Elektrifizierungsgrade

Drehzahl	Lebensdauer	Integrationsfähigkeit
Robustheit	Skalierbarkeit	Dichtheit

Abb 4: E-Motoren KPIs

Dazu zählen Kosten, Wirkungsgrad, die Dauerleistungsfähigkeit, die Leistung bei maximaler Drehzahl, NVH inklusive Akustik uvm. Vor allem das Geräusch ist ein wettbewerbsdifferenzierendes Merkmal. Elektrische Motoren neigen zu unangenehmen Geräuschen wie sie von Straßenbahnen oder Zügen bekannt sind. Fahrzeughersteller fordern, dass diese Geräusche nicht als störend empfunden werden dürfen, sondern hinter Abroll- und Windgeräuschen verschwinden. Insbesondere bei niedrigen Geschwindigkeiten und hohen Lasten ist diese Forderung anspruchsvoll, aber unbedingt zu erfüllen – das Geräusch, ein wesentlicher USP des elektrischen Fahrens überhaupt.

Baukasten

Zur Auswahl der zukünftigen Motorkonzepte haben wir systematisch analysiert, welches Basiskonzept das Set an KPIs am besten bedienen kann. Nach einem aufwändigen Vergleich unterschiedlicher Grundkonzepte, wie ESM (Elektrisch erregte Synchron Maschinen), SRM (Switched Reluctance Motoren), PSM (Permanenterregte Synchron Maschinen), ASM (Asynchron oder Induktions-Maschinen) und weiteren, setzt der Baukasten nun auf PSM und ASM. Beide Konzepte erfüllen ein spezifisches Set an KPIs und können sich nicht gegenseitig ersetzen - der Markt wird auch künftig beides benötigen. Der Baukasten definiert dafür die optimalen Designelemente für das Zusammenspiel von Stator und Rotor sowie die passiven Teile wie Welle, Gehäuse, Lagerschilde, Lagerung, Sensoren etc.

Andere Konzepte, wie beispielsweise die ESM, sind infolge des unzulässig großen Bauraums und der schlechteren Integrationsfähigkeit sowie dem höheren Ansteuerungsaufwand ausgeschieden. Die SRM tut sich bis heute schwer, die Geräuschanforderungen zu erfüllen.

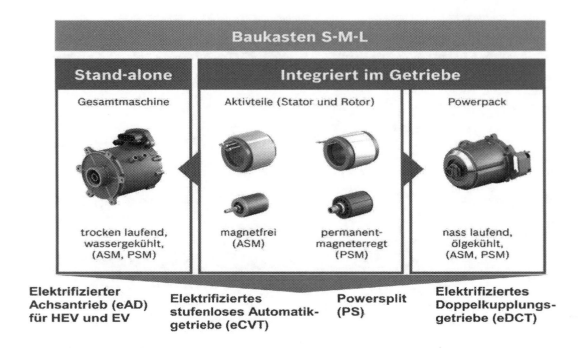

Abb. 5: Baukasten

Der Baukasten ermöglicht es, die magnetfreien und magnetbehafteten, aktiven Teile unterschiedlich einzusetzen. Sie können separat vermarktet werden oder sind kombinierbar mit unterschiedlichen Gehäusevarianten, beispielsweise mit einem Wassermantelgehäuse für „Stand Alone" Maschinen oder mit sogenannte Powerpack-Gehäusen. Diese verfügen über keine eigene Kühlung, sie wird erst nach Intergration ins Getriebe ermöglicht. Das Power-Pack ist damit für sich prüfbar, liefert jedoch alle technischen und wirtschaftlichen Vorteile einer Vollintegration.

Über den Baukasten hinweg werden Technologien für alle Einzelprozesse, wie z. B. die Wickeltechnik, entwickelt. Daraus ergibt sich ein Variantenbaum mit allen Technologie-Permutationen, der zur Beherrschbarkeit der Komplexität ebenfalls nur bestimmte Äste zulässt. Zum einen wird damit die Breite der Marktanforderungen, wie Akustik, Wirkungsgrad, Leistung etc., gezielt abgesichert, gleichzeitig können aber auch die Kosten durch modulare Erprobungskonzepte von vordefinierten Pfaden reduziert werden. Ergänzt wird der Baukasten durch ein flexibles Set an Fertigungsprozessen.

Der Baukasten kann alle SMG Applikationen wie eAD Achsantriebe, eDCT elektrifizierte Doppelkupplungs- oder CVT-Getriebe mit integrierter E-Maschine oder PS Powersplitlösungen abdecken und hat damit einen großen Skalenvorteil.

Vergleich ASM und PSM

Der Baukasten deckt alle PSM- und ASM.Konzepte ab. Jedes Konzept kann die KPIs unterschiedlich bedienen.

KPI	Use Case (Examples)	PSM	ASM
Peak torque density (Nm / l)	• Hill start-up or curbstone start-up • Start-up of combustion engine • Overtaking	Permanent magnets enable high initial energy content	Need for squirrel-cage rotor and magnetizing current
Continuous power density (kW / Kg)	• Uphill drive • Highway or Motorway drive • Acceleration	Less rotor losses due to permanent magnets and segmentation	Additional rotor losses even with copper cage
Cost for E-Machine (€ / Nm(kW))	• Price for customer out of RB-factory • VDA Requirements	Cost for permanent magnets	Permanent magnet free
Efficiency within driving cycle (%)	• Efficiency with compact class car within NEDC • Depending on design and control		
P_{max} @ n_{max} (kW/Kg)@10s	• Overtaking • Long-time uphill drive • High driving speed	Good relation P_{max}@n_{max} to Pmax due to permanent magnets	Poor relation P_{max}@n_{max} to Pmax due to leakage inductance
NVH (dB / freq.)	• No disturbing noise within car interior and outside of car	Strongly depending on design	Strongly depending on design

Abb 6: ASM- PSM KPI Bewertung

Wird beispielsweise eine hohe Drehmomentendichte gewünscht, so eignet sich zunächst PSM am besten. Die Momentendichte ist dabei hauptsächlich von der Stromtragfähigkeit des Stators bestimmt. Die ASM hingegen weist prinzipbedingt den Nachteil auf, dass die Magnetisierung im Rotor über einen zusätzlichen Strom im Stator bereit gestellt werden muss. Der drehmomentbildende Strom fließt dann durch Induktion im Kurzschlusskäfig des Rotors und verursacht zusätzliche Verluste. Damit wird die Peak-Drehmomentendichte zusätzlich durch die Verluste im Stator und im Rotor begrenzt. Kundenspezifische, individuelle Optimierungen des Gesamtsystems, auch im Hinblick auf Sicherheitsabschaltkonzepte, ermöglichen eine spezifische Auslegung der PSM im Hinblick auf beste Entmagnetisierfestigkeit. Neue Softwarekonzepte von Bosch sind der Enabler dafür.

Bei der Dauerleistungsdichte verhält es sich ähnlich. Allerdings helfen neue Kühlmöglichkeiten, wie z.B. die direkte Ölkühlung von Rotor und Stator, diese Nachteile der ASM auszugleichen und zum Teil sogar mehr als zu kompensieren.

Bei den Kosten für PSM und ASM verhält es sich genau umgekehrt. Aufgrund der benötigten Permanentmagnete, die ganz besonders von volatilen Rohstoffmärkten abhängig sind, sind die Kosten für die PSM je nach Anforderung eher höher als die ASM.

Betrachtet man den KPI Wirkungsgrad im NEDC so kann hier keine eindeutige Empfehlung ausgesprochen werden. Der Wirkungsgrad im Zyklus hängt sehr stark von der Fahrzeugklasse, dem Design der E-Maschine und der verwendeten Regelung und den gewählten Betriebspunkten ab.

Bei der Leistung bei Maximaldrehzahl weist ebenfalls die PSM zunächst einen Vorteil auf, da die Permanentmagnete hierfür vorteilhaft sind. Die ASM muss für dieselbe Performance sehr streuungsarm ausgelegt werden. In Summe bleibt sie hier der PSM etwas unterlegen.

Akustisch gibt es keinen eindeutigen Favoriten da beide Typen von E-Maschinen hier durch die Auslegung sowohl positiv als auch negativ beeinflusst werden können.

Zusammenfassend kann gesagt werden, dass die Konzeptauswahl sehr stark von der Gewichtung der spezifischen KPI's der jeweiligen Anwendung abhängt. Eine pauschale Aussage ist nicht möglich, deshalb werden beide Varianten im Baukasten vorgesehen.

Elektromagnetische Auslegung

Die elektromagnetische Auslegung hat Einfluss auf alle genannten Schlüsselanforderungen. Hier ist es besonders wichtig, die physikalischen Zusammenhänge im Magnetkreis zu verstehen und diese je nach Anforderung des Kunden ganz gezielt einzusetzen. Beispielsweise weicht der Blechschnitt einer wirkungsgradoptimierten Maschine von dem einer leistungsoptimierten bei maximaler Drehzahl ab. Das gilt auch für die Art der Kühlung. Für die Kostenoptimierung ist es daher besonders wichtig, die Anforderung des Kunden genau zu kennen.

Abb.7 Stator- Rotor- Blechschnitte

Wickeltechnik

Für die KPI's Dauerleistungs- und Dauerdrehmomentdichte sowie für den Wirkungsgrad ist es essenziell, die Verluste zu senken und die thermische Ankopplung der aktiven Bauteile an das Kühlmedium zu optimieren. Hierzu ist die angewandte Wickeltechnik entscheidend. Ein hoher Kupferfüllfaktor in der Nut bindet die heißen Drähte gut an das Eisen des Stators und reduziert gleichzeitig durch die dickeren Drähte die ohmschen Verluste im Kupfer. Je mehr Kupfer in der Nut ist, desto mehr Kupfer ist aber auch in den nicht zum Drehmoment beitragenden Wickelkopf und dieser muss für die Leistungs- und Drehmomentdichte klein sein.

Vom Markt werden Spannungslagen zwischen 48V und 800V gefordert. Mit unterschiedlichen Wickeltechniken wird das Kostenoptimum für jede Maschine sicher gestellt,

Thermik

Zur Optimierung des thermischen Verhaltens der Maschine wird die Ankopplung der heißen Bauteile an das Kühlmedium verbessert sowie die Geometrie des Wassermantels bei der Stand Alone Variante optimiert. Verbessert wird auch die thermische Anbindung der Wickelköpfe des Stators an das Gehäuse. Die Anforderungen an einen Stoff, der zwischen Kupferdraht und Gehäuse eingebracht wird, sind sehr vielschichtig und bedürfen einer intensiven Materialauswahl. Durch die dadurch optimierte Kühlung des Stators profitiert auch der Rotor thermisch.

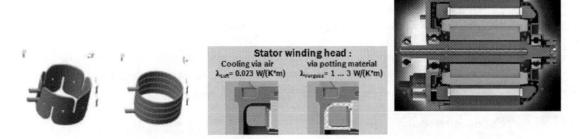

Abb. 8 Wassermantelkühlung und Wickelkopf   **Abb 9:** Ölkühlung:

Wird die Maschine in Getriebe integriert, fungiert das Getriebeöl gleichzeitig als Kühlmedium. Je nach Anforderung wird das Öl direkt an Rotor und oder Stator geführt.

Die gezielte Blechschnittgestaltung kann die Verluste, je nach Kühlungsrandbedingungen, vom Rotor (Vorzugsvariante bei Ölkühlung) in den Stator (Vorzug bei Wassermantelkühlung) verschieben und somit die jeweils verlustquellennahe Abführung der Wärme realisieren. Gleichzeitig werden die thermischen Widerstände in der Maschine minimiert und die Grenztemperaturen der Bauteile in Abhängigkeit von der Lebensdauer maximiert.

Wirkungsgrad

Oberstes Ziel ist es, die Verluste so klein wie möglich zu halten. Dazu werden alle einflussnehmenden Parameter aus Material und Geometrie optimiert. Vergleicht man optimierte PSM und ASM Maschinen, erkennt man Vorteile der PSM im niederen Drehzahlbereich bei hohen Momenten, da hier die Permanentmagnete für das Drehmoment und kein Magnetisierungsstrom erforderlich ist. Dagegen erkennt man den ASM-Vorteil bei hohen Drehzahlen und Teillast, da hier kein feldschwächender Strom benötigt wird. Je nach Wahl der Betriebspunkte kann so entweder die PSM oder aber die ASM vorteilhaft sein. Der Baukasten bietet beides, entscheidend ist am Ende die Optimierung des Gesamtsystems.

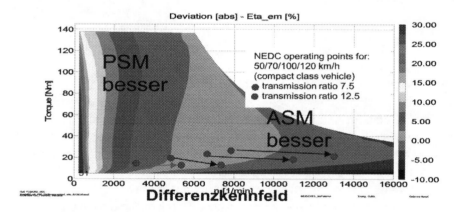

Abb 9: ASM PSM Differenzkennfeld Wirkungsgrad

Durch höhere Übersetzungsverhältnisse kann die ASM weiter in die Bereiche mit Wirkungsgradvorteilen geschoben werden und damit die prinzipiellen Verlustnachteile gegenüber der PSM kompensieren.

Drehzahlfestigkeit

Die Drehzahlfestigkeit der E-Motoren muss immer sichergestellt sein. Zu den kritischen Bereichen gehören Teile des Rotorblechs (PSM), die Lagerungen und die Kurzschlussringe (ASM). Alle kritischen Elemente des Baukastens durchlaufen eine genaue Analyse der Beanspruchung und der Beanspruchbarkeit. Damit wird durchgängig die Drehzahlfestigkeit aller Komponenten gewährleistet.

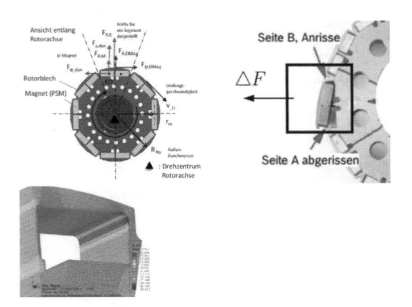

Abb 10: Designelemente zur Drehzahlfestigkeit

Akustik

Das Geräusch der E-Maschinen ist ein entscheidendes Kundenmerkmal.

Elektrische Maschinen neigen zu einem charakteristischen Geräuschbild, wie sie beispielsweise aus Straßenbahnen oder Zügen bekannt sind. Im Automotive Bereich darf die E-Maschine nicht als störend empfunden werden. Im Idealfall ist sie gar nicht wahrnehmbar. Dies bedeutet, dass das Geräusch für alle Betriebszustände mindestens von den Abroll- oder Windgeräuschen überlagert wird. Da bei Elektrofahrzeugen der Verbrenner als dominante Geräuschquelle bei niedrigen Drehzahlen fehlt, steht der Elektromotor hier vor besonders großen Herausforderungen. Dies wird mit umfassenden Auslegungen im elektromagnetischen und mechanischen Bereich (Simulation und Messung) über den gesamten Baukasten sicher gestellt. Hier deuten sich bahnbrechende Innovationen mit einem design to noise Ansatz der nächsten Generation an.

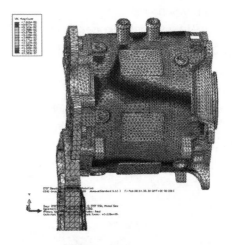

Abb. 11: Simulation der Schallabstrahlung

Bosch verfügt im Bereich Akustik und Simulationstechniken über umfangreiches Know How, auch aus anderen Produktbereichen. Die Simulationsmethoden wurde über viele Jahre optimiert und basieren auf ein breites Spektrum an Felderfahrungen und Design Regeln.

Zuverlässigkeit

Unsere Kunden erwarten über die gesamte Lebensdauer einen fehlerfreien Betrieb. Deshalb wird die Beanspruchung unserer Komponenten und Bauteile systematisch ermittelt, Schädigungsmechanismen frühzeitig erkannt und jedes Teil des Motors durch Material- und Geometrieauswahl so gestaltet, dass sie der Beanspruchung genügen.

Desweiteren werden umfangreiche Erfahrungen anderer elektrischer Maschinen aus dem Bosch Portfolio (z.B. Generator, Lenkung, Starter, Kleinantriebe etc.) und die umfassenden Felderfahrungen aus Generation 1 genutzt, um die Zuverlässigkeit der zukünftigen Antriebe zu gewährleisten.

Integration Traktionsmotor in Getriebe

In Zukunft wird der Bedarf an Elektrofahrzeugen enorm steigen. Heute werden für diese Anwendung Achsantriebe aus einzelnen Komponenten zusammen gebaut. So sind Traktionsmotor und Ansteuerelektronik an unterschiedlichen Orten im Fahrzeug verbaut und über aufwändige Kabelbäume miteinander verbunden. Um den Anforderungen des Marktes gerecht zu werden und um die Kostenziele zu erreichen, entwickelt Bosch in einem öffentlich geförderten Projekt, zusammen mit namhaften Partnern aus der Automobil- und Zulieferindustrie einen hochintegrierten elektrischen Achsantrieb.

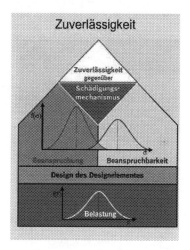

Abb. 12: Integration Getriebe, Motor und Eektronik   **Abb. 13:** Zuverlässigkeit

Das Projekt läuft unter dem Namen „ODIN"-Optimized electric drivetrain by integration im Zeitraum von Mitte 2012 bis Mitte 2015. Ziel ist die Hochintegration aller Komponenten zur Kostenreduktion und Performance Verbesserung.

Die hochintegrierte elektrische Achse besteht in diesem Fall aus einer schnelldrehenden E-Maschine, einer flexiblen Leistungselektronik und einem Getriebe, alles in einem Kühlkreislauf und wirkungsgradoptimiert sowie in einem gemeinsamen Gehäuse. Damit können Kosten gesenkt werden.

Zu den innovativen Highlights gehören eine hochdrehende, vollständig magnetfreie E-Maschine als geschaltete Reluktanzmaschine. Das Geräusch wird durch eine innovative Regelung aktiv gedämpft. Auch hier sind Elemente wie in einem Baukasten flexibel austauschbar.

Neben diesem Integrationsprojekt sind auch innovative, revolutionäre Konzepte für IMGs in Vorbereitung.

Zusammenfassung

Zukünftige Traktionsmotoren für Hybrid- und Elektrofahrzeuge haben erhöhte Anforderungen an Wirkungsgrad, Dauerdrehmoment, Dauerleistung, Akustik und Leistung bei maximaler Drehzahl, sowie hoher Zuverlässigkeit, bei gleichzeitig minimalen Kosten.

Die heutigen Motoren stoßen noch nicht an ihre technischen Grenzen. Die Herausforderung an die Ingenieure liegt darin, diese Grenzen zu ermitteln und gleichzeitig die Kosten zu senken. Mit der nächsten Generation Elektromotoren wird Bosch hier einen erheblichen Schritt weiterkommen, einen neuen Benchmark setzen und damit die Elektrifizierung insgesamt ein Stück weiter voran bringen.

MAHLE Range Extender Motorenfamilie

Dr. Bernd Mahr, Jonathan Hall, Dr. Mike Bassett, Dr. Marco Warth

© Springer Fachmedien Wiesbaden GmbH, ein Teil von Springer Nature 2018
J. Liebl (Hrsg.), *Der Antrieb von morgen 2014*, Proceedings,
https://doi.org/10.1007/978-3-658-23785-1_5

1 Einleitung

Der Schwerpunkt der Entwicklung in der Automobilindustrie liegt auf der Absenkung des CO_2 Ausstoßes der Fahrzeuge. Da Elektrofahrzeuge (engl. EV´s, electric vehicles) während des Betriebs lokal keine Emissionen produzieren und sich potentiell auf Energie aus erneuerbaren Quellen stützen können, sind sie derzeit Gegenstand großen Interesses. Jedoch ist aufgrund des derzeitigen Stands der Batterietechnik die Gesamtreichweite solcher Fahrzeuge begrenzt. Fahrzeuge mit einem (sog.) „Range Extender" (engl. Range Extended Electric Vehicles, REEVs) und Plug-in-Hybridantrieben überwinden viele der Unzulänglichkeiten von batterieelektrischen Elektrofahrzeugen.

REEVs verwenden eine "Range Extender Einheit", die aus einer Antriebseinheit besteht welche während der Fahrt Kraftstoff, wie z.B. Benzin, in elektrische Energie wandelt. Dies erlaubt eine Reduktion der Kapazität der Traktionsbatterie unter Beibehaltung einer akzeptablen Fahrzeugreichweite.

MAHLE hat eine kompakte Range Extender (REx) Einheit für einen seriellen Hybrid in Kompaktklassefahrzeugen entwickelt, siehe Bild 1.

Bild 1: Der MAHLE Range Extender Motor

In der Konzeptphase wurde der Leistungsbedarf des Motors sowie das Motorenkonzept identifiziert, das Lastenheft festgelegt und eine umfassende Bewertung der verschiedenen möglichen Bauformen für den REx-Motor analysiert.

In einer zweiten Projektphase wurde der 30 kW Zweizylinder Reihenmotor in den Schritten Simulation, Konstruktion, Berechnung, Prototypbau, Verbrennungsentwicklung, Generatorabstimmung und Mechanikerprobung zur Prototypreife entwickelt.

Tabelle 1: MAHLE REx Motor Zusammenfassung der Hauptspezifikationen

Technische Spezifikationen	
Auslegung	Reihenmotor, Zweizylinder, 4-Takt, Otto
Verdrängungsvolumen	0.9 Liter
Bohrung / Hub	83.0 / 83.0 mm
Verdichtungsverhältnis	10:1
Ventiltrieb	einfache obenliegende Nockenwelle, 2 Ventile, Rollenkipphebel
Kraftstoffeinspritzung	Saugrohreinspritzung
Motorsteuerung	MAHLE flexible ECU
Generator	Permanent erregter Magnet mit Axialfluss
Nennleistung	30 kW bei 4000 min^{-1}
Nennmoment	72 Nm von 2000 bis 4000 min^{-1}
Emissionsziel	Euro 6
Abmessungen	327 x 416 x 481 mm
Einbauwinkel	Vertikal oder horizontal
Trockengewicht	45 kg (65 kg mit Generator)

Darauf folgte in einer dritten Projektphase die Integration des Range Extender Motors in ein komplett zum Elektrofahrzeug modifizierten Demonstrator Fahrzeug der Kompaktklasse.

Besonderes Augenmerk wurde auf die Optimierung des Geräuschkomforts des Fahrzeuges gelegt, ohne die Notwendigkeit einer akustischen Kapselung des Range Extender Motors zu haben. Es zeigte sich auch der Vorteil der sehr kompakten Bauweise, um neben dem Antriebsmotor mit Getriebe, das Li-Ionen-Batteriepaket sowie die weiteren Antriebsstrangkomponenten zu integrieren ohne auf den Laderaum verzichten zu müssen.

In einer vierten Projektphase erfolgte die Optimierung der Betriebsstrategie, des Fahrzeug-Kühlungssystems/Thermomanagements, der Betriebssicherheit sowie des Fahrkomforts.

Der nächste Schritt hat die Entwicklung einer Range Extender Motorenfamilie zum Ziel wobei neben einer Leistungsteigerung, die Kompaktheit und die Verwendung von möglichst vielen Gleichteilen aus Kostengründen im Fokus steht. Die beiden leistungsgesteigerten Range Extender Varianten mit 40 und 50 kW erweitern dabei die möglichen Einsatzfälle hin zu schweren und den leistungsstärkeren Elektofahrzeugen, sowie zu leichten Transportern und Minibussen.

2 MAHLE Range Extender

Die Auslegung des 30 kW Range Extender Motors erfolgte mit dem Schwerpunkt auf den Anforderungen eines REEV der Kompaktklasse. Während der Konzeptphase des Projektes wurden die wichtigsten Merkmale des REx Motors identifiziert und eine umfassende Bewertung der verschiedenen möglichen Motorauslegungen durchgeführt, um die für die beabsichtigte Anwendung am besten geeignete zu finden.

Das hieraus resultierende Motorkonzept basiert auf einem Zweizylinder-Reihenmotor mit 0,9 Liter Hubvolumen. Der Motor mit Saugrohreinspritzung erreicht seine maximale Leistung bei einer Nenndrehzahl von 4000 min^{-1}. Dieser Viertakt-Ottomotor zeichnet sich durch einen voll integrierten elektrischen Generator, einer Zündfolge von 0 und 180 ° Kurbelwinkel und einer dynamischen Generatorregelung aus [1, 2]. Die Spezifikationen des Motors sind in Tabelle 1 zusammengefasst.

Während der Konzeptphase wurde sowohl das Konzept eines seriellen Hybrids sowie die Lösung eines parallelen Hybrids untersucht und bewertet. Der primäre Vorteil des seriellen Hybrids liegt in der Flexibilität bezüglich der Positionierung im Fahrzeug, da keine mechanische Verbindung zwischen Motor und Antriebsrädern erforderlich ist.

Diese Lösung bringt daher größere Freiheitsgrade bei der Betriebsstrategie und dem Batterieladen, sowie weitere Vorteile beim Katalysatoraufheizen, dem NVH sowie den Abgasemissionen mit sich.

Der Motor kann gegenüber den heute in Serie befindlichen Motor mit geringerer Komplexität (keine Nockenwellenverstellung, Saugrohreinspritzung, 2 Ventile pro Zylinder, kein aufwändiges Getriebe, keine Kupplung,...) und damit sehr kostengünstig ausgeführt werden. Von Nachteil ist der niedrigere Wirkungsgrad bei höheren Fahrgeschwindigkeiten und leeren Batterien wegen der höheren elektrischen Verluste bei der Energiewandlung gegenüber einem parallelen Hybrid mit Durchtrieb auf die Antriebsräder sowie die Notwendigkeit eines zweiten Motor/Generator inklusive Inverter. Auf Grund der in Tabelle 2 dargestellten Gesamtbewertung wurde die serielle Lösung favorisiert.

Tabelle 2: Gegenüberstellung des Parallel- und des Seriell-Hybrid versus Basisfahrzeug

Charakteristik	Verbrennungs-motor	Paralleler Hybrid	Serieller Hybrid
NVH, Geräusch	o	o	+
Abgasemmissionen	o	o	+
Wirkungsgrad im Betriebsbereich	o	+	+
Wirkungsgrad bei hoher Geschwindigkeit	o	o	−
Laden bei geringer Geschwindigkeit	o	o	+
Stationäres Laden	o	o	+
Getriebekosten	o	o	+
Kosten für elektrische Komponenten	o	+	−
Einsatz in „Zero Emission Zone"	o	+	+
Geamtwertung	o	+	++

  − Nachteile gegenüber dem Standard Verbrennungsmotor (Basis)

  o Gleich wie Basis

  + Besser als Basis

Bild 2:   Range Extender Demonstrator Fahrzeug

3 MAHLE Range Extender Demonstratorfahrzeug

Zur Weiterentwicklung und Verbesserung der NVH Eigenschaften, wurde der REx Motor in ein Demonstrator Fahrzeug eingebaut. Um den Anforderungen des REEV Marktes gerecht zu werden, wurde ein aktuelles Serienfahrzeug der Kleinwagenklasse (B-Segment) mit einem elektrischen Antriebsstrang sowie dem MAHLE Range Extender Motor ausgestattet.

Das hieraus entstandene Fahrzeug soll einen Ausblick auf zukünftige Antriebsstranglösungen bereits jetzt „erfahrbar" machen. Des Weiteren wollte MAHLE die Kompaktheit des 30 kW Motors durch die Installation in einen Kleinwagen demonstrieren, wofür als Basis ein Audi A1 1.2 liter TFSI ausgewählt wurde (Bild 2). Die Spezifikationen wurden mit dem Ziel ausgelegt, ein vergleichbares Beschleunigungsverhalten wie das Basisfahrzeug zu erreichen (Tabelle 3).

Tabelle 3:   Daten Basisfahrzeug und Demonstrator Fahrzeug

Parameter	Einheit	Basisfahrzeug	REEV
Beschleunigung 0-100 km/h	s	11.7	12.0
Höchstgeschwindigkeit	km/h	180	145
Max. Steigfähigkeit	%	_	20
Höchstgeschwindigkeit bei 6 % Steigung	km/h	_	90
Elektrische Reichweite	km	_	> 70
Reichweite inkl. REx	km	_	> 500

Bild 3 zeigt den Mahle Range Extender Motor, die Leistungselektronik sowie den Antriebsmotor mit Getriebe in einem eigens entwickelten Modulrahmen der in den serienmäßigen Motorlagern platziert wurde. Diese Anordnung und quasi doppelte Lagerung des Motors hat eine sehr geringe Körperschallübertragung in die Fahrzeugstruktur zur Folge. Der Range Extender Motor benötigt dank der dynamischen Generatorregelung weder eine Geräuschkapselung, Ausgleichswelle noch ein Ausgleichsgetriebe, was wiederum dem Gewicht und Kosten des Fahrzeugs zu Gute kommt.

Die gewichtete Abgas CO_2 Emission des MAHLE REEV, auf der Grundlage der UN ECE R101 Regelung [3], liegt bei 42 g/km, was eine über 60 % Reduktion im Vergleich zum Ausgangsfahrzeug darstellt. Das MAHLE REEV hat ein Kraftstofftank mit

25 Liter Volumen, was dem Fahrzeug eine zusätzliche Reichweite von 430 km sowie eine elektrische und verbrennungsmotorische Gesamtreichweite von fast 500 km ermöglicht [4].

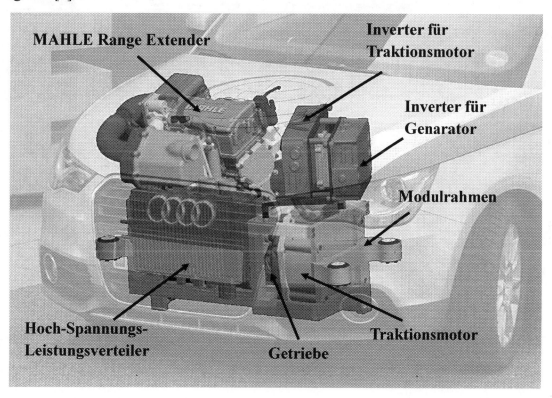

Bild 3: Vorderwagen des Demonstrator Fahrzeuges mit Modulrahmen

4 Fahrzeug-Kühlungssystem

Zur Erzielung einer großen elektrischen Reichweite und Batterie-Leistungsdichte ist die Li-Ionen Batterie (0 bis 40 °C) des Demonstrator Fahrzeuges flüssiggekühlt. Weiterhin erfordern der Antriebsmotor und Generator (< 120 °C) mit den zugehörigen Invertern (< 65 °C) sowie der Verbrennungsmotor eine Kühlung. Ein weiterer Kühlkreislauf wird für die Fahrzeug Klimaanlage benötigt.

Diese unterschiedlichen Temperaturniveaus sowie die Notwendigkeit der Beheizung von Fahrgastzelle und Batteriepaket bei kalten Umgebungsbedingungen erfordern ein komplexes Fahrzeug-Kühlungssystem mit elektrischen Verbrauchern und unterschiedlichen geregelten Kühlkreisläufen, siehe Bild 4.

Dieses Thermomanagementsystem muß für das jeweilige Fahrzeuglastenheft und die klimatischen Bedingungen der Zielregion optimiert werden, um den besten Kompromiß zwischen Gewicht, Bauraumbedarf, Kosten, Komfort, Betriebsbereitschaft und Wirkungsgrad zu finden.

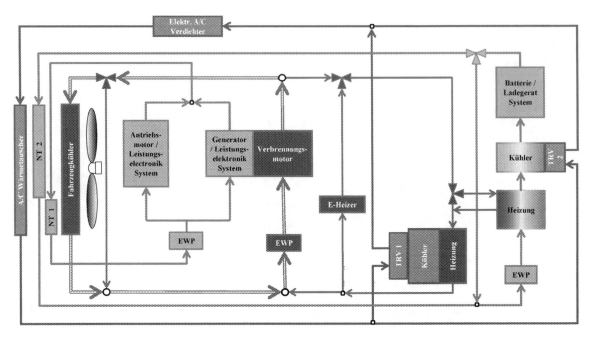

Legende

══════	Hochtemperatur Kühlkreislauf (Verbrennungsmotor)
───────	Heizkreislauf Fahrgastzelle (Batterie)
───────	Niedertemperatur Kühlung (NT 1 und NT 2)
───────	A/C Schaltung
✕	Drei-Wege-Ventil
EWP	Elektrische Wasserpumpe
TRV	Thermisches Regelventil

Bild 4: Fahrzeug-Kühlungssystem des seriellen Hybrids

5 Leistungsbedarf serieller Hybrid

Mit einer Fahrzeugsimulation unter Verwendung verschiedener Strecken- und Lastprofile, sowie der Berücksichtigung elektrischer Nebenverbraucher und Betriebs- und Ladestrategie, erfolgte die Auslegung des Range Extenders für das Demonstrator Fahrzeug [5].

Dieser 30 kW Range Extender kann in Fahrzeugen bis 1600 kg Schwungradmasse eingesetzt werden. Für die Anwendung in Fahrzeugen der Mittelklasse und Oberklasse sowie bei Minibussen und Transportern ist eine höhere Motorleistung erforderlich. Das Ergebnis der Fahrzeugsimulation zeigt Bild 5. Hierfür wurde der Leistungsbedarf einiger ausgeführter Fahrzeuge plus Zusatzgewicht für Batterien ermittelt.

So ist für Schwungradklassen bis 2100 kg eine Leistung von 40 kW erforderlich und für schwere Fahrzeuge wie z.B. leichte Transporter oder Minibusse wird eine Motorleistung von 50 kW für den Range Extender benötigt. Bei diesen Untersuchungen wurden auch Steigungstrecken mit einer Fahrzeuggeschwindigkeit von 80 km/h bei einer 6 % Steigung berücksichtigt. Somit könnte mit drei Leistungsklassen für den Range Extender Motor das gesamte Band des Fahrzeuggewichtes bis zu 2700 kg abgedeckt werden.

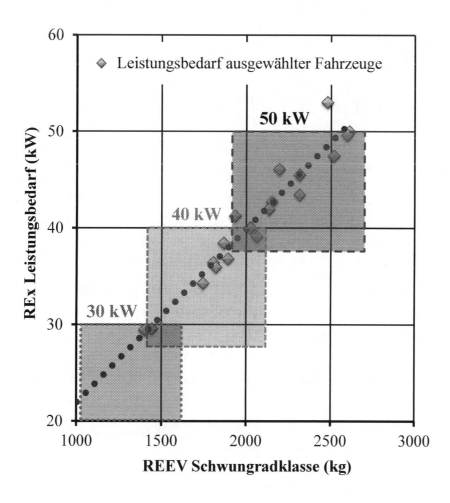

Bild 5: Anwendungsbereich Range Extender Motorenfamilie

6 Range Extender Motorenfamilienkonzept

Die Entwicklung der Motorenfamilie erfolgte nun zum einen mit dem Ziel die Kompaktheit beizubehalten und zum anderen eine möglichst hohe Zahl an Gleichteilen für alle drei Leistungsvarianten von 30 kW, 40 kW und 50 kW zu verwenden, um die Skaleneffekte in der Fertigung sicherzustellen.

Es zeigte sich im Fahrbetrieb mit dem Demonstrator Fahrzeug, das die dynamische Generatorregelung und die Betriebsstrategie höhere Drehzahlen als die aus akustischen Gründen auf 4000 min⁻¹ begrenzte Nenndrehzahl erlaubt.

Für beide leistungsgesteigerte Varianten wurde die Beibehaltung eines maximalen Zylinder-Spitzendruck von 75 bar als Grenzwert gesetzt. Durchgeführte 1-D Strömungsberechnungen hatten zum Ergebnis, das eine Leistung von 40 kW erreichbar ist bei 5500 min⁻¹.

Weitere Analysen zeigten, das eine 50 kW Range Extender Motorvariante möglich ist mit einem Ladedruck von maximal 1,5 bar und 5500 min⁻¹.

7 Range Extender Motor mit 40 kW

Die höheren Drehzahlen der 40 kW Variante erfordern eine Absicherung einiger Motorbauteile durch Berechnung und Simulation.

Bei der Auslegung des Ventiltriebs für den Range Extender Motor mit 40 kW war es notwendig die Öffnungsdauer des Einlassventils zu verlängern und die Ventildynamik so zu optimieren, das ein sicherer Betrieb ohne Ventilaufsetzer bei höheren Drehzahlen gewährleistet ist, siehe Bild 6.

Neben dem neuen Nockenwellenprofil war es ferner erforderlich das Ansaugsystem für diese höheren Drehzahlen neu auszulegen und den Drosselklappendurchmesser zu vergrößern. Wichtig war hier für diesen Zweizylinder-Motor die Optimierung des Reflektionsvolumens vor der Drosselklappe auf mindestens 2 Liter zur Erzielung maximaler Leistung, da die Drosselklappe selbst und das Plenum für die Zylinderfüllung eine untergeordnete Rolle spielen.

Die Kurbelwelle wurde neu ausgelegt, um eine höhere Steifigkeit zu erreichen. Bild 7 zeigt die Lagerdurchbiegung der optimierten Kurbelwelle.

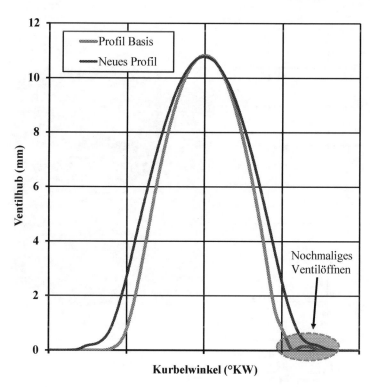

Bild 6: Simulation der Einlassventilbewegung für 5500 min⁻¹

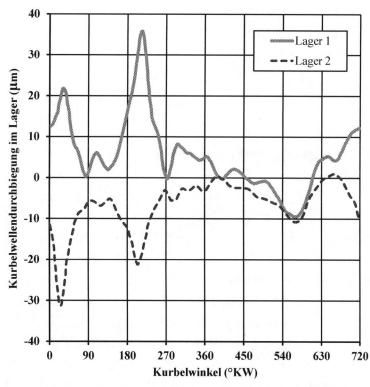

Bild 7: Kurbelwellendurchbiegung der bzgl. Steifigkeit optimierten Variante

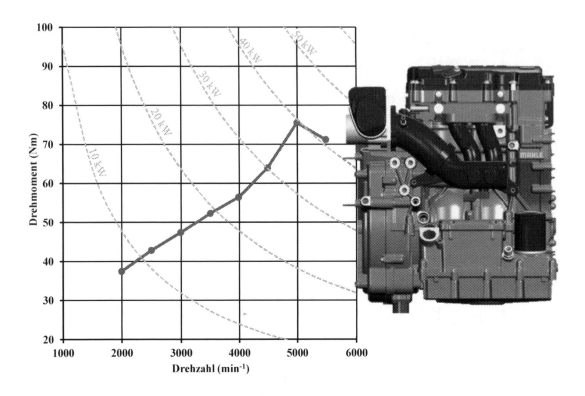

Bild 8:   Vollastkurve und Seitenansicht des 40 kW Range Extender Motors

Bild 8 zeigt die berechnete Vollastkurve für den 40 kW Range Extender Motor sowie die Seitenansicht des Motors. Es ist gelungen für diese Leistungsvariante mit höherer Drehzahl von 5500 min^{-1} das bisherige Gewicht und Bauraumvolumen beizubehalten.

8 Range Extender Variante mit 50 kW

Prinzipiell kann zur Aufladung ein Abgasturbolader, ein mechanisch angetriebener Lader oder ein elektrisch angetriebener Lader eingesetzt werden. Die Wahl fiel auf den elektrisch angetriebenen Lader, da weniger Änderungen am Motor notwendig werden, die Position des elektrischen Laders relativ flexibel ist und die Bauraumvorgabe somit leichter eingehalten werden kann. Der Abgasturbolader wurde wegen der bezüglich Massenausgleich günstigen Zündfolge 0 und 180 °KW nicht gewählt, da diese Zündfolge eine extrem ungleichmäßige Beaufschlagung der Turbine und somit Nachteile im Wirkungsgrad mit sich bringt. Weiterhin würde der Platzbedarf für den Turbolader auf der Abgasseite des Motors das Bauraumvolumen deutlich vergrößern, da auf der Einlassseite unterhalb des überhängenden Zylinderkopfes die Motorleistungen 30, 40 und 50 kW mit relativ geringen Änderungen umgesetzt werden können.

Für die Arbeiten wurde ein elektrisch mit Hochspannung angetriebener Verdichter von Aeristech ohne Ladeluftkühlung verwendet. Das Plenum-Volumen wurde auf über 2 Liter erhöht, um die negativen Effekte aus der Ansaugpulsation sowie der Reflektion dieser Rückwirkungen vom Verdichter auszuschließen und die Temperaturerhöhung auf unter 60 °C zu begrenzen. Für den elektrischen Verdichter spricht auch die Modularität mit der 30 und 40 kW Leistungsversion. Es wird keine Kupplung oder mechanischer Antrieb am Basismotor notwendig und es kann für die leistungsgesteigerte Variante einfach das modifizierte Ansaugsystem und der E-Lader montiert werden.

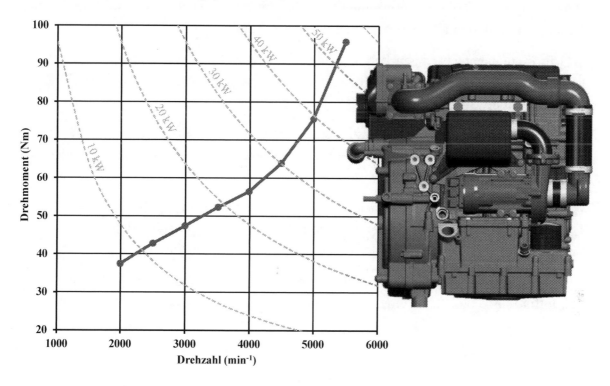

Bild 9:   Seitenansicht des 50 kW Range Extender Motors mit elektr. Verdichter

Der quaderförmige Bauraum der aufgeladenen Variante erhöht sich vom Boxvolumen 65 Liter auf 85 Liter wobei hierin ein ca. 10 Liter Volumen für andere Bauteile zur Verfügung steht. Das Gewicht wird sich um ca. 5 kg erhöhen auf 70 kg. Bei einer Serienlösung kann die Regelung des elektrischen Verdichters direkt über das Motorsteuergerät des Range Extenders erfolgen und die Leistungselektronik kann in die Leistungselektronik des Generators integriert werden.

Die nun laufenden Motorenversuche werden zeigen, ob die sehr kompakte Anordnung ohne Ladeluftkühlung beibehalten werden kann oder ob Klopfen, eine Wirkungsgradverschlechterung oder Temperaturprobleme eine Integration einer Ladeluftkühlung erfordern.

9 Zusammenfassung

MAHLE hat einen 0,9 Liter Range Extender Motor entwickelt, der für seriell-hybride Antriebsstränge in Fahrzeugen der Kompaktklasse. Um die Leistungs- und Akustikeigenschaften weiter zu optimieren, wurde ein Demonstrator Fahrzeug aufgebaut.

Es zeigte sich im Fahrbetrieb, daß die dynamische Generatorregelung und die Betriebsstrategie höhere Drehzahlen als die in der Basisvariante aus akustischen Gründen auf 4000 min^{-1} begrenzte Nenndrehzahl erlauben.

1-D Strömungsberechnungen hatten zum Ergebnis, daß eine Leistung von 40 kW bei 5500 min^{-1} erreichbar ist und hierfür lediglich das Ansaug- und Abgassystem sowie das Nockenwellenprofil modifiziert werden müssen.

Weitere Analysen zur Leistungssteigerung zeigten, daß auch eine 50 kW Range Extender Motorvariante mit einem elektrisch angetriebenen Lader und einem Ladedruck von maximal 1,5 bar dargestellt werden kann.

Durch diese Vorgehensweise der weitgehendst identischen Architektur des Range Extenders ist es gelungen, zum einen eine hohe Anzahl von Gleichteilen zu verwenden und zum anderen die kompakten Abmaße der Einheit beizubehalten.

Mit der Range Extender Motorenfamilie von 30 kW, 40 kW und 50 kW können damit zukünftig Fahrzeuge bis zu einer Schwungradklasse von 2700 kg angetrieben werden.

10 Literatur

[1] Mahr, B.; Korte,V.; Bassett, M.; Warth, M.: Das Range Extender Konzept von MAHLE Powertrain. ATZ - Der Antrieb von morgen, Wolfsburg, Januar 2011.

[2] Warth, M.; Bassett, M.; Hall, J.; Korte, V.; Mahr, B., Design and Development of the MAHLE Range Extender Engine, 20th Aachen Colloquium Automobile and Engine Technology 2011.

[3] E/ECE/324-E/ECE/TRANS/505 Regulation No 101 Rev 2, Annex 8. 29th April 2005.

[4] Mahr, B.; Bassett, M.; Hall, J.; Kennedy, G.; Powell, J.; Warth, M., Das MAHLE Range Extender Demonstratorfahrzeug – Batterieelektrische Mobilität ohne Reichweiteneinschränkung, ATZ- Der Antrieb von morgen, Wolfsburg, Januar 2013.

[5] Bassett, M.; Fraser, N.; Brooks, T.; Taylor, G.; Hall, J.; Thatcher, I.: A Study of Fuel Converter Requirements for an Extended-Range Electric Vehicle, SAE Paper No. 2010-01-0832, SAE Congress, Detroit, April 2010.

"Julier" – Wie ein Elektrorennfahrzeug alle Verbrenner schlug

Dario Leumann

© Springer Fachmedien Wiesbaden GmbH, ein Teil von Springer Nature 2018
J. Liebl (Hrsg.), *Der Antrieb von morgen 2014*, Proceedings,
https://doi.org/10.1007/978-3-658-23785-1_6

1 Formula Student

1981 wurde in Texas unter dem Namen Formula SAE eine Rennserie für Studenten gegründet. Ziel war es, durch ein relativ freies Regelwerk Innovationen zu fördern. So sieht das Konzept vor, dass virtuelle Unternehmen einem Designteam (Studententeam) den Auftrag zur Entwicklung eines kleinen Rennwagens geben. Dieser Prototyp soll für eine mögliche Serienfertigung evaluiert werden. Im Verlauf der weiteren Jahre expandierte die Formula Student in weitere Länder. Heute existieren um die 500 Formula Student Teams von Universitäten aus der ganzen Welt. Somit ist es der weltweit grösste Ingenieurswettbewerb. In Europa ist vor allem der deutschsprachige Raum stark vertreten. Anders als in der Formel 1 werden in der Formula Student keine Rennen gegen andere Fahrzeuge gefahren. In den Disziplinen Acceleration, Skidpad, Endurance und AutoX werden die Fahrzeuge auf Beschleunigung und Effizienz gemessen. Diese Renndisziplinen werden als dynamische Disziplinen bezeichnet. Es gibt aber auch statische Disziplinen. Zu diesen zählen der Cost-, der Business- sowie auch der Designevent. Beim Designevent geht es darum, eine Fachjury vom Engineering-Konzept des Fahrzeugs zu überzeugen. Die Kosten des Fahrzeugs werden mittels vorgegebener Kostentabellen errechnet und im Cost Event präsentiert. Hierbei gilt es, durch einen möglichst niedrigen Fahrzeugpreis und einem vollständigen Kostenüberblick zu überzeugen. Im Business Event wird eine fiktive Unternehmung gegründet, die das Fahrzeug vermarkten und verkaufen soll. Beide, die statischen- sowie die dynamischen Disziplinen, werden mit Punkten bewertet. Jenes Team mit den meisten Punkten aus beiden Disziplinen gewinnt den Event.

2 Akademischer Motorsportverein Zürich

Der Akademische Motorsportverein Zürich, kurz AMZ, wurde 2006 von Studierenden der ETH Zürich gegründet. Der AMZ entwickelt jedes Jahr ein Rennfahrzeug für die Formula Student Rennserie. Nachdem die ersten drei Fahrzeuge noch durch Verbrennungsmotoren angetrieben wurden, wurde 2010 mit "Furka" der erste rein elektrisch angetriebene Rennwagen realisiert. Der AMZ finanziert sich und das Fahrzeug komplett über Sponsoren. Der Verein hat eine sehr erfogreiche, von stetigem Fortschritt geprägte, Vereinsgeschichte. Für die Saison 2013 wurde ein komplett neues Auto entwickelt und auf den Namen „Julier" getauft.

3 „Julier"

Das Ziel bestand darin, ein leistungsstarkes, leichtes und effizientes Rennfahrzeug zu entwickeln, das auf maximale Punktausbeute in der Formula Student hin optimiert ist. Mithilfe einer selbstentwickelten Rundenzeitensimulation und punktbasierter Simulationen wurden wichtige Konzeptentscheidungen begründet. Das Resultat dieser Simulationen lieferte zutage, dass ein rein elektrisches Vierradantriebskonzept mit einem komplett integrierten Aerodynamikpaket das beste Konzept in Bezug auf Punktausbeute ist. Aus unserer Sicht schien ein 4WD Konzept mit Verbrennungsmotoren aufgrund des zu hohen Gewichts als nicht realisierbar. Die Elektromotoren lassen sich einzeln steuern, was uns viele Möglichkeiten in Bezug auf die Fahrdynamikregelung eröffnet. Bedingt durch die Momentcharakteristik von Elektromotoren und der festen Übersetzung fallen Schaltzeiten weg, was sich positiv auf die longitudinale Beschleunigung auswirkt.

Technische Eckdaten von „Julier"

Gewicht	180 kg
Radstand	1550 mm
Spurbreite	1160 mm
Gesamtlänge (mit Flügeln)	2942 mm
Antrieb	4 Elektro-Radnabenmotoren AMZ Motor M3
Leistung	4 x 37 kW
Maximale longitudinale Beschleunigung	1.6 g
Maximale Bremsbeschleunigung	2.2 g
Maximale laterale Beschleunigung	2.4 g
Beschleunigung 0-100kmh	2.1 s
Maximale Geschwindigkeit	120 kmh
Kapazität der Akkubox	6.2 kWh

Abbildung 1: „Julier" in Silverstone (Copyright Benjamin Hildebrandt)

3.1 Chassis und Fahrwerk

3.1.1 Packaging

Beim Packaging wurden verschiedene Varianten in Bezug auf Trägheitsmoment (Moment of Inertia, MoI) und Schwerpunkt (Center of Gravity, CoG) verglichen. Grosser Wert wurde auch auf die Erreichbarkeit und Wartungsfreundlichkeit der einzelnen Komponenten gelegt. Aus diesem Grund befindet sich die Akkubox im Heck des Fahrzeugs (siehe **Abbildung 2**). Einer Schublade ähnlich lässt sich die Akkubox durch das Heck ziehen und so schnell ausbauen. Die Umrichter befinden sich direkt oberhalb der Akkubox (siehe **Abbildung 2**). Dadurch, dass die Hochspannungskomponenten alle räumlich nah beieinander im Heck des Fahrzeugs liegen, kann der Fahrer besser geschützt werden und durch das Einsparen von langen Kabelverbindungen wird auch an Gewicht gespart.

Die Radnabenmotoren führen zu keiner signifikanten Erhöhung der Trägheit des Fahrzeugs.

Schwerpunkt und Trägheiten von „Julier"

CoG	252.6mm
Trägheitsmoment in Rollen	25.2kgm2
Trägheitsmoment in Nicken	97.4kgm2
Trägheitsmoment in Gieren	102.5kgm2

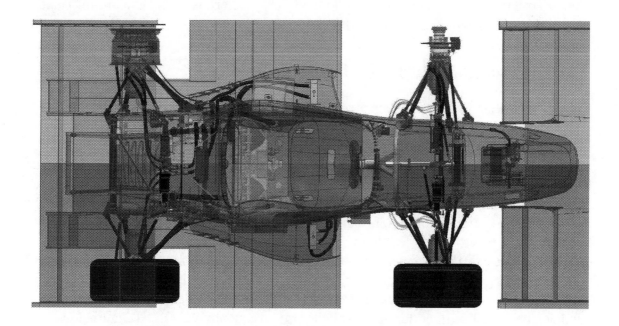

Abbildung 2: Die Akkubox (grüne Box im Heck) lässt sich schnell durch das Heck hindurch ausbauen. Die beiden Umrichter (orange Box im Heck) liegen direkt über der Akkubox.

3.1.2 Monocoque, Cockpit und Ergonomie

Aufgrund des guten Schutzes vor Intrusion, hoher Steifigkeit und des tiefen Gewichts wurde ein einteiliges CFRP Monocoque entwickelt. Eine Schichtstruktur mit Aluminium Honeycomb Kern mit verschiedenen Dicken wurde simuliert, getestet und auf Steifigkeit und Gewicht optimiert. Bei einem Gewicht von 18.5 kg inklusive der Überrollbügel erreicht das Monocoque eine Torsionssteifigkeit von 6500 Nm/°.

Ein Ergonomie Testaufbau wurde für die Bestimmung der optimalen Fahrerposition aufgebaut. Eine in der Länge verstellbare Pedalbox sowie verschiedene Sitzeinlagen ermöglichen eine individuelle Anpassung des Cockpits für verschiedene Fahrer. Alle für das Fahrzeug relevanten Sicherheitsanzeigen sowie Schalter befinden sich auf dem Armaturenbrett.

3.1.3 Reifen und Felgen

Aufgrund des tiefen CoG, MoI und des Gewichts wurden 10" Felgen für das Fahrzeug gewählt. Die 10" Felgen bieten im Hohlraum genug Platz für das Fahrwerk und die Radnabenmotoren. Sie sind einteilig aus CFRP mit Schaumstoffkern gefertigt und wurden auf hohe Steifigkeit optimiert. Die simulierte Steifigkeit liegt bei 0.125°/g (in Sturz). Testergebnisse zeigen, dass die Felgen 50% steifer als vergleichbare im Handel erhältliche Felgen aus Aluminium sind. Das Gewicht liegt unter 900g pro Felge.

3.2 Kinematik, Federn und Dämpfer, Lenkung

Aus gewichtstechnischen wie auch aus kinematischen Gründen wurde als Radaufhängung ein Doppelquerlenkerfahrwerk gewählt. Um Kollisionen des Fahrwerks mit den Radnabenmotoren zu verhindern wurden die Feder- Dämpferelemente über Pushrods mit den oberen Querlenkern verbunden. Die Pushrods stützen das Fahrzeug in vertikaler Richtung und bewegen die Feder/Dämpfer Elemente auf beiden Achsen. Testergebnisse haben gezeigt, dass die zusätzlichen 6 kg an ungefederten Massen, hervorgerufen durch die Radnabenmotoren, keinen signifikanten Einfluss auf das Handling des Fahrzeugs haben. Trotz der begrenzten Einstellmöglichkeiten werden progressive Luftfeder/Öldämpfer aufgrund des tiefen Gewichts eingesetzt. Die Feder- und Dämpferraten wurden mittels gemessener und berechneter Daten an die benötigten Anforderungen angepasst. Die motion ratio wurde auf 1:3 festgelegt, um den Federweg von 50mm auszunützen bei gleichzeitiger durchschnittlicher ride frequency von 3.2 HZ auf beiden Achsen. Zwei Stabilisatoren werden zum Verlagern der Balance zwischen Front und Heck eingesetzt. Der vordere Stabilisator besteht aus zwei verbundenen, zentral befestigten Hebeln, die eine Rotation auf einen Bolzen ausüben, der auf einer Torsionsfeder befestigt ist (siehe **Abbildung 3**).

Abbildung 3: Frontstabilisator

Das vordere Rollzentrum befindet sich 37mm und das Hintere 50.5mm über dem Boden (statisch). Toe Winkel, ride height und statischer Sturz (-0.5° bis -4°) können eingestellt werden.

Die selbst entwickelte Lenkung wiegt unter 1.5kg und besteht aus einem CFRP Lenksäule und einem Titan rack. Die Geometrie wurde mittels Analyse der Reifendaten bestimmt und resultiert in einem negativen Ackermann Winkel (-58%) mit einem Lenkungsverhältnis von 4:1.

3.2.1 Wheel Packaging und Radträger

Die Radträger wurden aus Aluminium-Sandguss hergestellt. Die Radträger erfüllen mehrere Funktionen: Sie dienen als Befestigung für die Motoren, als Lager für die Radnaben und als Getriebegehäuse. Das Gewicht der vorderen Radträger liegt bei 550g, die Hinteren wiegen 590g. Die zweiteilige Radnabe wiegt 620g und trägt gleichzeitig auch die Planeten des Planetengetriebes. Das gesamte Fahrwerk wiegt 41.5 kg.

3.3 Aerodynamik

Ziele:

- 8% schneller Rundenzeiten im Vergleich zu non-Aero

- Zielgewicht: <11kg

- cLA Bereich: 3.8 – 4.9 (Endurance and Autocross)

- cDA Bereich: 1.15 – 1.5

- kleine Anpassungen des c_l Koeffizienten für verschiedene Fahrsituationen (yaw, pitch, roll)

Das Aerodynamikpaket besteht aus verstellbaren Heck- und Frontflügeln sowie einem Unterboden mit Diffusor. Der Heckflügel dient zum Erreichen der zum Ziel gesetzten Abtriebswerte und der Frontflügel ist für die Überströmung des gesamten Fahrzeugs und der Balance verantwortlich. Der Unterboden generiert Abtrieb ohne dabei signifikanten Luftwiderstand zu erzeugen. Die Seitenkästen wurden auf Luftwiderstand optimiert und sorgen gleichzeitig dafür, dass die Radiatoren für die Kühlung genug angeströmt werden.

Anstelle von zweiteiligen Front- und Heckflügeln wurde bei "Julier" auf dreiteilige Elemente zurückgegriffen, um das Auftreten von Strömungstrennung zu verkleinern. Der Frontflügel besteht aus einem dreidimensionalen Hauptelement, wobei der Mittelpunkt des Flügels nahe am Boden ist um Bodeneffekte zu verstärken und die Unterströmung des Fahrzeugs zu verbessern. Der Druckpunkt (55% hinten) befindet sich hinter dem CoG (54% hinten), um die Stabilität bei hohen Geschwindigkeiten zu vergrössern. Der Druckpunkt kann um 5% in beide Richtungen angepasst werden ohne dabei Abtrieb zu opfern. Das gesamte Aerodynamikpaket wiegt 9.5 kg.

3.4 Energiespeicher

Ziele:

- zwischen 6 bis 6.5 kWh nominelle Energie

- Entladeleistung > 85kW peak

- Ladeleistung > 70kW spitze und Rekuperation > 25% von verbrauchter Energie

- Gewicht Akkubox < 53kg

- Maximale Spannung > 400V (um das Gewicht der Kabel zu verkleinern)

– Modulare Zellelemente

3.4.1 Auswahl der Zellen

Als Zellen werden die EPProduct 5Ah EP-X_Performance Series LiPo verwendet. Dies wegen der hohen Leistungsdichte (4.66 kW/kg) und der Fähigkeit, während kurzer Zeit hohe Ladeströmen auszuhalten (12C), was für das Rekuperieren sehr wichtig ist. Die round trip Effizienz für ein Endurance Rennen liegt bei 97%.

3.4.2 Zusammenstellung der Zellen, Konfiguration und Accumulator Management System (AMS)

Die feuerfeste Akkubox besteht aus einer CFRP/Glasfaser Kiste und einem Glasfaserdeckel. Total 336 Zellen mit je 3.7V nominaler Spannung sind in einer 112s3p Konfiguration eingebaut. Je 21 Zellen in einer 7s3p Konfiguration bilden 16 identische und dadurch untereinander austauschbare Subpakete (siehe **Abbildungen 4 und 5**). Die Akkubox hat eine Gesamtenergiemenge von 6.22 kWh. Die Zellen eines Subpakets sind über Kupferlaschen miteinander verbunden. Um Gewicht zu sparen, wurde bei längeren Verbindungen silberbeschichtetes Aluminium eingesetzt. Durch das Verschrauben der einzelnen Pakete wird ein tiefer Kontaktwiderstand gewährleistet. Um die Elektronik vor Feuchtigkeit und Wasser zu schützen, wird das AMS in der Mitte der Akkubox platziert (siehe **Abbildung 5**). Das AMS sammelt die Spannungen und die Temperaturen von jedem seriellen tab mittels circuit boards, die an jedem der 16 Subpakete befestigt sind. Die Daten werden zu 8 Mess- und Balance prints (PCBs) in der Mitte der Akkubox geführt. Dies ermöglicht eine kurze und stabile Verbindung. Das AMS verwaltet total 64 Temperaturen und 112 Spannungen.

Abbildung 4: Subpaket der Akkubox mit 21 Batteriezellen und dem circuit Board.

Abbildung 5: Blick in die Akkubox mit den 16 Subpaketen.

3.5 Antrieb

Ziele:

- Zielgewicht: < 33kg

- 350 Nm an jedem Rad

- Maximalgeschwindigkeit > 115km/h

- Effizienz: Umrichter und Motor kombiniert >85% im Endurance

3.5.1 Motor und Getriebe

Um den Antrieb in die Radnabe integrieren zu können, wurde auf ein Konzept bestehend aus einem Elektromotor in Innenläuferbauweise mit einem Planetengetriebe gesetzt. Dies aufgrund der engen Platzverhältnisse und der Gewichtsziele. Die speziellen Anforderungen an Motoren und Getriebe führten dazu, dass keine Produkte auf dem Markt gefunden werden konnten. Somit wurden die Elektromotoren und Getriebe selber entwickelt und für den Einsatz an der Radnabe optimiert. Somit konnten Kollisionen mit dem Fahrwerk vermieden werden und das ganze Rad, bestehend aus Radnabe, Radträger, Getriebe, Motor und Felge im Team entwickelt werden. Um den Konstruktionsund Fertigungsaufwand so klein wie möglich zu halten, wurden vier identische Motoren und Getriebe entwickelt.

Das Resultat ist ein wassergekühlter Drehstromsynchronmotor mit Permanentmagneten in Innenläuferbauweise. Der Motor liefert eine Spitzenleistung von 37.2 kW, ein Spitzenmoment von 30 Nm, dreht bis 18000 RPM und wiegt 4.6 kg, was zu einer Leistungsdichte von 8kW/kg führt. Das Elektromagnetische Design wurde mittels 2D FEA Analyse auf Moment pro Gewicht bei gegebenem Strom optimiert.

Das ölgeschmierte Planetengetriebe mit eineinhalbstufigen Planeten und einer Übersetzung von 1:11.68 wiegt 800g (inklusive Schmiermittel). Die Planeten des Getriebes sind auf Bolzen, die die zweiteilige Radnabe axial zusammenhalten, gelagert. Das Hohlrad ist im Radträger eingeschrumpft (siehe **Abbildung 6**).

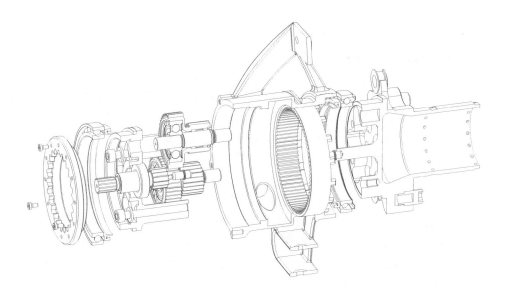

Abbildung 6: Schnitt durch das Radpackaging. Der Motor wird links an den Radträger angeschraubt.

Abbildung 7: Bei einem Gewicht von 4.6 kg erreicht der selbstentwickelte AMZ Motor M3 ei-

ne Leistung von 37 kW.

3.5.2 Motorenkontroller

Als Umrichter werden zwei Lenze Schmidhauser Dual DCU verwendet, da hier die Möglichkeit zur eigenen Programmierung der Regelungsalgorithmen besteht. Das Gehäuse wurde, um Gewicht zu sparen, durch ein selbstgefertigtes Gehäuse ersetzt. Die Architektur des dual inverters erlaubt es, bei Verwendung eines gemeinsamen DC links zwei Motoren unabhängig voneinander zu betreiben. Durch die Selbstentwicklung der Motoren konnte die Spannung unter 560V gehalten werden, womit auf 600V IGBT Module mit tieferen Schaltverlusten zurückgegriffen werden konnte als dies bei 1200V IGBTs der Fall gewesen wäre. Um die Effizienz bei tiefen Geschwindigkeiten (<75 kmh) weiter zu steigern, kann die Schaltfrequenz von 16kHz auf 8kHz gesenkt werden. Ein Motorenkontroller wiegt 2.5 kg.

3.5.3 Kühlung

Die Kühlung besteht aus 2 Kreisläufen, einer für die Frontmotoren und einer für die Heckmotoren und Umrichter. Die Radiatoren sind Gegenfluss Wärmetauscher, ausgestattet mit zwei Sätzen von five tube passes. Der Wärmeübertragungskoeffizient beträgt 75 W/m2K. Ein Radiator wiegt 422g.

3.6 Regelung und Elektronik

Ziele:

– Rekuperation über vorgespannte Bremspedale

– Simuliertes und validiertes torque vectoring System

3.6.1 Modellierung, Modellvalidierung und LapSim

In MATLAB/Simulink wurde ein non-lineares Vierradmodell mit Dynamik in 6 Freiheitsgraden entwickelt. Mithilfe dieser Simulation ermittelten wir die Fahrstrategie für die Endurance Rennen und berechneten die optimale Momentkurve in Bezug auf Geschwindigkeit und Effizienz. Während der Konzeptphase zu Beginn des Projekts konnten mit dem Modell verschiedene Fahrzeuggrobkonzepte miteinander verglichen und aufgrund der Resultate bewertet werden.

3.6.2 Fahrdynamikregelung

Um eine neutrale Balance des Fahrzeugs zu erreichen, wurde ein Fahrdynamikregelungspaket entwickelt, bestehend aus feed-forward und feed-back Algorithmen, wie die Gierratenregelung und Einzelradtraktionskontrolle mit integriertem Leistungsbegrenzer.

3.6.3 Rekuperation

Das Bremspedal ist mit 150N vorgespannt. Die Bremskraft wird im Bremspedal gemessen und das fehlende Bremsmoment wird berechnet und von den Motoren aufgebracht. Es ist möglich, rein elektrisch bis zur maximalen Ladungsleistung von 70kW (bei nominaler Zellspannung) zu Bremsen. Dies entspricht einer Bremsbeschleunigung von 2.1 g bei 60kmh. Durch Auswertung der Renndaten konnte eine Rekuperation von bis zu 28% der anfänglichen Energie bestätigt werden.

3.6.4 Vehicle Control Unit (VCU), Data Logging und Telemetrie

Es wird eine, auf dem vorher beschriebenen Fahrzeugmodell basierend und selbstprogrammierte, Gigatronik VCU verwendet. Sie enthält ein live debugging System via CAN bus, das das Korrigieren von auftretenden Fehlern während der Testphase erleichtert. Zusätzlich dazu können Daten über die Telemetriemodule live verfolgt und aufgezeichnet werden.

3.6.5 Kabelbaum und CAN

Um das Gewicht möglichst tief zu halten, wurden die Kabelquerschnitte auf die Anforderungen der verschiedenen Komponenten hin optimiert. Der Kabelbaum verläuft komplett im Inneren des Chassis' um dadurch mechanische Belastungen zu verhindern. Drei separate busse (je 500kBaud) dienen der Kommunikation zwischen VCU und Motorenkontroller, zwischen VCU und Frontsensoren und zwischen VCU und Hecksensoren.

3.6.6 Sensorik

Ein optischer Sensor misst die absolute Geschwindigkeit (0.3-250kmh) des Fahrzeugs, da bei einem 4WD Fahrzeug wegen dem Schlupf an allen Rädern die Erhebung der Referenzgeschwindigkeit über die Drehzahl der Räder nicht möglich ist. Gierrate- und Bremsdrucksensoren sowie ein linearer Potentiometer auf der Lenkstange werden für die Fahrdynamikregelung verwendet. Lineare Potentiometer, die das Ein- und Ausfedern des Fahrwerks messen und G-Sensoren helfen bei der Einstellung des Fahrwerks. An Motoren und Umrichtern wird die Temperatur gemessen.

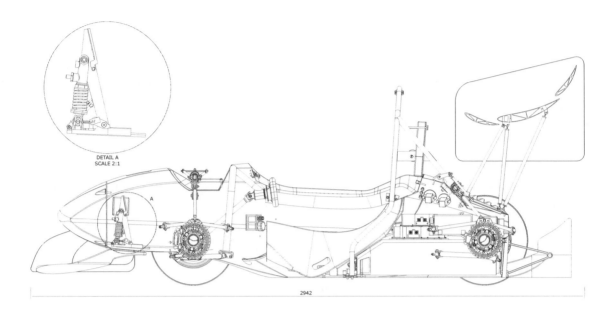

Abbildung 8. Seitenansicht von „Julier"

4 Erfolgreiche Saison 2013

Die Saison 2013 mit „Julier" bedeutet die bisher erfolgreichste Saison für den AMZ. Die Rennen in Silverstone (UK) und Spielberg (Ö) in der gemischten Kategorie mit Verbrennerfahrzeugen konnten überlegen gewonnen werden. Der Sieg in England ist der erste Sieg eines Elektrorennfahrzeugs im direkten Vergleich mit Verbrennern. Es hat sich gezeigt, dass Elektrorennfahrzeuge sehr gut für die speziellen Anforderungen der Rennen mit vielen Beschleunigungen geeignet sind und an den Rennen mit gemischten Wertungen den Verbrennern überlegen sind, was sich in den Schlussklassementen von Spielberg und Silverstone wiederspiegelt. In Hockenheim (DE) und Varano de' Melegari (IT) konnten in der Kategorie der Elektrorennfahrzeuge zwei zweite Plätze erzielt werden. Darüberhinaus konnte der AMZ mit „Julier" an allen vier Events, an denen er teilgenommen hat, die Trophäe für den ersten Platz im Engineering Design in Empfang nehmen.

Abbildung 9: AMZ-Team mit „Julier" in Silverstone (Copyright Benjamin Hildebrandt)

5 Dank

Der Dank gilt dem ganzen Team, das in einjähriger Arbeit mit grossartigem Einsatz und Wille ein unheimlich starkes Fahrzeug entwickelt, gebaut und an den Rennen zum Erfolg geführt hat. Neben den starken Leistungen von „Julier" auf der Rennstrecke gilt es nicht zu vergessen, dass sich die Teammitglieder des AMZ auch in den statischen Disziplinen hervorragend geschlagen haben, was auf eine gezielte und gründliche Vorbereitung zurückzuführen ist.

6 Quellen

- Auslegung und Optimierung der Motorwelle für den AMZ Motor M3, Bachelorarbeit, Dario Leumann, August 2013

- Designreport Formula Student UK, Bjorn Ganz, März 2013

Energiebedarf und CO$_2$-Emissionen von konventionellen und neuen Kraftfahrzeugantrieben unter Alltagsbedingungen

Prof. Dr.-Ing. Ulrich Spicher

Dipl.-Ing. Thomas Matousek

MOT GmbH, Karlsruhe

© Springer Fachmedien Wiesbaden GmbH, ein Teil von Springer Nature 2018
J. Liebl (Hrsg.), *Der Antrieb von morgen 2014*, Proceedings,
https://doi.org/10.1007/978-3-658-23785-1_7

Einleitung

Durch die ersten Ölkrisen in den 1970er Jahren wurde die Kraftstoffverbrauchsreduzierung erstmals im Fokus der Weltöffentlichkeit diskutiert, insbesondere in den USA und
in Westeuropa. Dies führte dann zu zunehmenden Anstrengungen bei der Entwicklung
effizienter Verbrennungsmotoren, sowohl auf der Seite der Ottomotoren als auch bei
den zu dieser Zeit bereits sparsameren Dieselmotoren. Nahezu gleichzeitig wurden in
stetiger Folge die Abgasgrenzwerte von Personenkraftwagen durch die Gesetzbebung
reduziert. Dies führte dann in den 1980er Jahren zur Einführung der 3-Wege-
Katalysatoren bei Ottomotoren und in den folgenden zwanzig Jahren dann auch zu einer
aufwändigen Abgasnachbehandlung bei Dieselmotoren. Dieser Trend bei der Reduzierung der Abgasschadstoffe ist bis heute unverändert beibehalten worden und wird durch
die Politik in den nächsten Jahren noch weiter verschärft, obwohl bereits heute im Abgas von Personenkraftwagen teilweise weniger Schadstoffe enthalten sind als in Gebie-
ten, wo kaum mit Autos gefahren wird.

Seit den 1990er Jahren geraten zusätzlich zur Reduzierung der Abgasschadstoffe die
Abgasemissionen in Form von Kohlendioxid (CO_2) in den Fokus der politischen und öffentlichen Diskussion, und zwar als hauptsächlicher Verursacher für den wahrscheinli-
chen Klimawandel auf unserer Erde. Diese Diskussion um den Klimawandel und die
damit verbundenen CO_2-Emissionen ist bei uns in Deutschland und einigen angrenzen-
den europäischen Ländern besonders ausgeprägt und bezieht sich in erster Linie auf den
Pkw, der als nahezu alleiniger Verursacher für den Anstieg der CO_2-Emissionen in der
Atmosphäre angesehen wird, obwohl die tatsächlichen CO_2-Emissionen durch den Pkw-
Verkehr lediglich nur ca. 12% der gesamten in Deutschland emittierten CO_2-Emission
umfassen [1]. Sinngemäß wird allgemein in der Politik und in der Öffentlichkeit diskutiert, dass der Klimawandel kaum noch ein Problem darstellt, wenn man die durch den
Pkw-Verkehr erzeugte CO_2-Emission vollständig vermeidet, z. B. durch Elektrofahrzeuge, die per Definition keinerlei Kohlendioxid emittieren. Hat der Verbrennungsmotor unter diesem Aspekt überhaupt noch eine Zukunft als Antrieb im Kraftfahrzeug? Mit
einer Analyse und Bewertung im Hinblick auf den tatsächlichen Energieeinsatz und die
damit real erzeugten CO_2-Emissionen von Kraftfahrzeugen in der Individualmobilität
soll hier ein wenig Aufklärung gegeben werden.

Heutige Mobilitätsanforderungen – Fahrverhalten

Von besonderer Bedeutung dabei ist es, die tatsächlichen Mobilitätsanforderungen und
die damit verbundenen Energiemengen (Arbeit in der Einheit kWh) zu berücksichtigen.
Dieses bedeutet, dass zunächst ein Fahrprofil ermittelt werden muss, welches den realen
Bedingungen im täglichen Fahrbetrieb möglichst genau entspricht. Dieses kann nur mit

den Erfahrungen aus der Nutzung von Kraftfahrzeugen und dem Fahrverhalten der Kunden ermittelt werden. Dieses ist natürlich sehr schwierig, da jeder Fahrer eines Pkw mehr oder weniger unterschiedliche Anforderungen stellt und ein mehr oder weniger unterschiedliches Fahrverhalten aufweist. In der Praxis ergibt sich ein deutlich anderer Kraftstoffverbrauch im Vergleich zu den von den Herstellern angegebenen Werten, die entsprechend dem aktuell gesetzlich vorgegebenen Neuen Europäischen Fahrzyklus (NEFZ) ermittelt werden. Bild 1 zeigt beispielhaft den Vergleich zwischen den Kraftstoffverbrauchswerten im NEFZ und den aus Fahrzeugtests ermittelten Realwerten. Dabei wurden Neufahrzeuge in der Zulassungszeit von 2008 bis Ende des Jahres 2011 berücksichtigt, die in Testmagazinen (u. a. Auto Motor Sport - AMS) untersucht wurden [2].

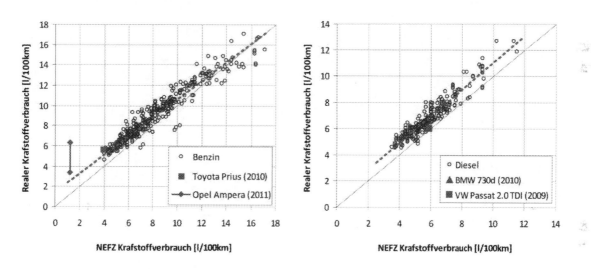

Bild 1: Vergleich von realem Kraftstoffverbrauch und NEFZ-Kraftstoffverbrauch

Insgesamt zeigt sich, dass der „Realverbrauch" sowohl bei Benzinmotoren als auch bei Dieselmotoren meistens zwischen 10% - 20% über den NEFZ-Werten liegt. Bei Fahrzeugen mit Dieselmotor ergibt sich eine Trendgerade im Realverbrauch, welcher im gesamten Bereich immer um etwa 1 l/100 km über dem Kraftstoffverbrauch im NEFZ liegt. Bei Fahrzeugen mit Ottomotor zeigt die Trendgerade eine abnehmende Tendenz, ausgehend von einem Mehrverbrauch von etwa 1,5 l/100 km beim niedrigsten Verbrauch von ungefähr 4 l/100 km ($\approx$ 40% Mehrverbrauch) bis zum gleichen Kraftstoffverbrauch bei ungefähr 15 l/100 km. Tendenziell ist festzustellen, dass bei Fahrzeugen mit Ottomotoren die großen Motoren im NEFZ recht gut dem Realbetrieb entsprechen im Vergleich zu kleinen Motoren, was auf den bei großen Ottomotoren deutlich höheren Kraftstoffaufwand in der Katalysatorheiz- und der Warmlaufphase zurückzuführen ist.

Ein entsprechendes Ergebnis zeigt sich auch, wenn der so genannte Spritmonitor verwendet wird, an dem jeder Fahrer teilnehmen kann und seine realen Verbrauchswerte bzw. Tankvorgänge mit den jeweils gefahrenen km-Werten eingeben kann, Bild 2. Es zeigt sich, dass der Unterschied zwischen den CO_2-Emissionen im Realbetrieb und den

Energiebedarf und CO_2-Emissionen von konventionellen und neuen Kraftfahrzeug-antrieben unter Alltagsbedingungen

CO_2-Emissionen im NEFZ im Jahr 2001 lediglich 13 g CO_2/km (entspricht ca. 0,54 l/100km bzw. 7,2% Mehrverbrauch) betrug und bis zum Jahre 2011 auf 34 g CO_2/km (entspricht ca. 1,4 l/100km bzw. 23,3% Mehrverbrauch) angestiegen ist. Hieraus ist eindeutig erkennbar, dass der Zusammenhang zwischen heutiger Typprüfung bzw. Fahrzeugbewertung und dem realen Mobilitätsverhalten nicht stimmt, was bedeutet, dass der Zyklus für die vorgeschriebene Typprüfung dringend an die realen Bedingungen angepasst werden muss. Nur so lässt sich die durch den Pkw-Verkehr tatsächlich verursachte CO_2-Emission und deren Einfluss auf den Klimawandel richtig bewerten.

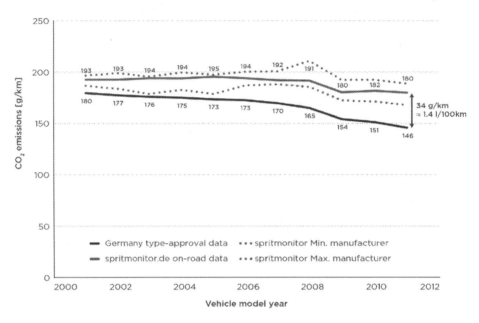

Bild 2: Differenz in der CO_2-Emission zwischen Testzyklus- und Realverbrauch [3]

Bei der Diskussion über ein neues Testverfahren ist vorgesehen, zukünftig den WLTP (World Harmonized Light Duty Test Procedure) einzuführen, mit dem das reale Fahr-verhalten besser wiedergegeben wird, Bild 3.

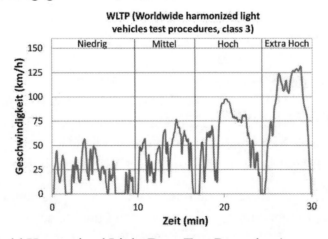

Bild 3: WLTP (World Harmonized Light Duty Test Procedure)

4

Erste Berechnungen und Abschätzungen haben ergeben, dass dadurch auf jeden Fall ein realitätsnäheres Fahrprofil vorliegt und die dabei erzielten Kraftstoffverbrauchswerte und somit die damit verbundenen CO$_2$-Emissionen den tatsächlichen Werten entsprechen. Dieses hat aber zur Folge, dass die heute bereits aufgrund des bestehenden NEFZ-Verfahrens festgelegten zukünftigen Emissionsgrenzwerte von 95 g CO$_2$/km ab 2020/2021 kaum einzuhalten sind. Erst recht wird es nicht gelingen, die diskutierten Werte für 2025 in Höhe von 70 g CO$_2$/km zu erreichen, und zwar unabhängig vom eingesetzten Antrieb. Hier muss politisch bei Einführung eines realitätsnahen Prüfverfahrens eine Korrektur der Emissionswerte derart vorgenommen werden, dass diese entsprechend den Naturgesetzen der Physik und Chemie realistisch auch erreicht werden können.

Energieaufwand bei realen Fahrbedingungen mit einem Pkw

Bei der heutigen Bewertung bezieht man die gesamte im Fahrzeug eingesetzte Energie allein auf die notwendige Antriebsenergie. Dieses ist nicht korrekt, da in der Realität der Antrieb nicht nur für das Einzelsystem „Antrieb" verantwortlich ist. Der oder die Nutzer (Fahrer + Passagiere) nutzen das Gesamtsystem „Fahrzeug", weshalb der Verbrennungsmotor das gesamte Fahrzeug mit Energie versorgt (Antriebsenergie, Wärmeenergie zur Klimatisierung, Strom für Komfort- und Sicherheitsfunktionen), Bild 4.

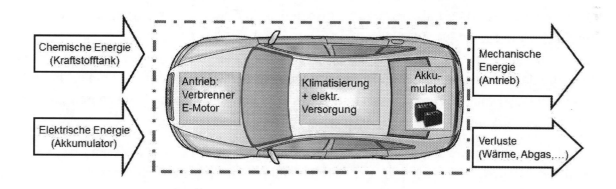

Bild 4: Gesamtsystem, bestehend aus „Fahrzeug" und „Energiebereitstellung"

Die heutige Bewertung führt zu dem fehlerhaften Ergebnis, dass bei der Antriebseinheit „Verbrennungsmotor" der Energieeinsatz für das gesamte Fahrzeug zu 100% auf die benötigte Antriebsenergie bezogen wird. Die im verbrauchten Kraftstoff bereits enthaltene Energiemenge für die Versorgung des Fahrzeugs, z. B. mit Strom zum Betrieb von Komfort- und Sicherheitssystemen sowie für die Klimatisierung des Fahrzeuginnenraums (Beheizung, Kühlung) wird nicht in die Ermittlung und Bewertung von Wirkungsgrad und CO$_2$-Emissionen einbezogen.

Bei der Antriebseinheit „Elektromotor" dagegen wird für die Bewertung des Gesamt-
fahrzeugs nur die für den Antrieb erforderliche Energie berücksichtigt. Die Energie für
die Klimatisierung sowie die Komfort- und Sicherheitsanforderungen im Fahrzeug werden nicht berücksichtigt, obwohl diese zusätzlich im Fahrbetrieb und auch im Stand, z.
B. vor einer roten Ampel oder im Stau, benötigt wird. Darüber hinaus werden die CO_2-
Emissionen bei der Stromerzeugung per Definition zu „null" gesetzt, was eindeutig und
nachweisbar nicht der Fall ist. Da die CO_2-Emissionen bei der Stromerzeugung nicht
nur weltweit, sondern auch in Deutschland erheblich sind und weit höher als die vom
Pkw-Verkehr, ist beispielsweise die prognostizierte Temperaturerhöhung und der damit
verbundene Klimawandel mit dieser unrealistischen Betrachtung nicht zu beeinflussen.
Die vollständige CO_2-freie Stromerzeugung aus erneuerbarer Energie (Wind, Sonne)
wird noch Jahrzehnte auf sich warten lassen.

Neben der erforderlichen Energie für den Fahrzeugbetrieb ist selbstverständlich auch
die Energiemenge zu berücksichtigen, die für die Bereitstellung der jeweiligen Energie-
form erforderlich ist, also für Kraftstoffe aus fossilen Quellen (Benzin, Diesel, Erdgas)
oder Strom für elektrisch angetriebene Fahrzeuge. Beim Einsatz von anderen Kraftstoffen wie Wasserstoff oder Biokraftstoffe muss dieses entsprechend berücksichtigt werden.

Darüber hinaus muss korrekterweise auch der Energieaufwand für die Herstellung des
Fahrzeugs und beim Elektrofahrzeug auch noch zusätzlich der Energieaufwand für die
Herstellung des Akkumulators als Stromspeicher im Fahrzeug (Traktionsbatterie) und
die dabei jeweils anfallenden und nicht unerheblichen CO_2-Emissionen in die Bewertung einbezogen werden. Tatsächlich müssten diese dann auf die Fahrzeuglebensdauer
und die damit verbundene Fahrleistung bezogen werden. Das bedeutet, je höher die tatsächliche über die Lebensdauer des Fahrzeugs erzielte Fahrstrecke ist, umso geringer ist
die auf den Kilometer bezogene Energiemenge bzw. CO_2-Emission.

Wenn man die Bewertung unter dem Aspekt „weltweiter Klimawandel", und das wird
ja nahezu täglich öffentlich und politisch angeführt und diskutiert, so ist auch der Aufwand für die Bereitstellung und Erhalt der Infrastruktur (Tankstellen, Ladestationen,
Wasserstofftankstellen, Batteriewechselstationen, usw.) zu berücksichtigen. Dieses
müsste dann auf die gesamte Verkehrsleistung bezogen werden, was aber nahezu un-
möglich ist. Auch in einer Kostenbetrachtung müssten all diese Zusammenhänge ebenfalls berücksichtigt werden.

Ermittlung der Antriebsleistung

Die heutige Systembetrachtung „Antriebseinheit" im NEFZ ergibt für ottomotorische
und dieselmotorische Fahrzeugantriebe Wirkungsgrade zwischen 20% und 35%, je nach
Größe von Fahrzeug und Verbrennungsmotor [2]. Dieselmotoren zeichnen sich durch

5% bis 10% höhere Wirkungsgrade gegenüber Benzinmotoren aus. Der Elektromotor dagegen hat mit ca. 90% einen sehr hohen Wirkungsgrad und ist somit dem Verbrennungsmotor bei dieser Systembewertung deutlich überlegen. Daher ist es verständlich, dass allgemein in der öffentlichen und politischen Diskussion die Meinung vertreten wird, dass der Elektromotor der zukünftige Fahrzeugantrieb sein muss.

Unabhängig von der jeweiligen Antriebsart ergibt sich eine bestimmte Energiemenge, die für den Antrieb des Fahrzeugs erforderlich ist. Diese ist zunächst nur von der Fahrzeugmasse, dem Rollwiderstand, dem Luftwiderstand, der Stirnfläche und dem Fahrprofil (Ebene, Bergfahrt, Talfahrt, Geschwindigkeit, Beschleunigung, usw.) abhängig. Sie lässt sich relativ einfach aus der in Bild 5 aufgeführten Formel für die Radantriebsleistung mit den entsprechenden Eingangsgrößen, insbesondere Fahrzeugmasse, Luft- und Rollwiderstand, Fahrzeugstirnfläche, Fahrgeschwindigkeit, Streckenprofil und Fahrweise (Geschwindigkeit, Beschleunigung, Verzögerung) in sehr guter Näherung ermitteln.

$$P_{Rad} = v \cdot \left[m_{Ges} \cdot g \cdot f_{Roll} + \frac{\rho}{2} \cdot c_W \cdot A_{Stirn} \cdot v^2 + \underbrace{\left(m_{Fzg} + m_{Zu} \right)}_{= m_{Ges}} \cdot a_x + m_{Ges} \cdot g \cdot \sin \alpha_{St} \right]$$

v	Fahrzeuggeschwindigkeit	c_W	Luftwiderstand
m_{Ges}	Gesamtmasse Fahrzeug	A_{Stim}	Stirnfläche
m_{Fzg}	Leergewicht Fahrzeug	a_x	Beschleunigung
m_{Zu}	Zuladung Fahrzeug	α_{St}	Steigungswinkel
f_{Roll}	Rollwiderstand = f(v)		

Bild 5: Berechnungsformel für die Radantriebsleistung

Mit bekannten Eingangsgrößen von unterschiedlichen Fahrzeugen (Fahrzeugmasse, Luft- und Rollwiderstandsbeiwerte, Stirnfläche) wurden in dieser Studie zunächst die Radantriebsleistungen für verschiedene konstante Geschwindigkeiten bei ebenem Straßenprofil berechnet. Anschließend erfolgten weitere Berechnungen für unterschiedliche Steigungen (Bergauf- und Bergabfahrten) sowie verschiedenen Beschleunigungs- und Verzögerungsvorgängen. Es wurden Fahrzeuge der Kompakt- und Kleinwagen, der Mittel- und Oberklasse, der SUV-Klasse und Sportfahrzeuge und letztendlich auch Kleintransporter in die Analyse einbezogen. Dabei wurde insbesondere darauf geachtet, dass vergleichbare Fahrzeuge sowohl mit verbrennungsmotorischem Antrieb als auch mit Hybrid- und Elektroantrieb berücksichtigt sind. Von einigen Fahrzeugen liegen zusätzliche Daten aus dem realen Einsatz vor, mit denen die durchgeführten Berechnungen und Analysen zusätzlich validiert wurden. In Bild 6 sind die ermittelten Ergebnisse für die verschiedenen Fahrzeuge tabellarisch aufgeführt.

Energiebedarf und CO_2-Emissionen von konventionellen und neuen Kraftfahrzeug-antrieben unter Alltagsbedingungen

| Fahrzeugklasse | Fahrzeug | m_{Gesamt} | c_W | A_{Stirn} | Radantriebsleistung [kW] | | | | | | | | | |
| | | | | | Konstante Geschwindigkeit in [km/h] | | | | 50 km/h Steigungen | | | | |
		kg	-	m²	30	50	80	120	-10%	-5%	0%	5%	10%
Kompakt Otto	Smart - Fortwo	805	0.37	2.20	0.9	2.6	8.6	27.1	-8.3	-2.9	2.6	8.1	13.5
Kompakt E-Mobil	Smart - Fortwo Electric Drive	955	0.37	2.20	1.0	2.8	9.2	28.8	-10.1	-3.7	2.8	9.3	15.8
Kleinwagen Otto	VW - Polo	1100	0.32	2.04	1.0	2.8	8.7	26.7	-12.1	-4.7	2.8	10.3	17.7
Kleinwagen Hybrid	VW - XL1	795	0.19	1.50	0.7	1.7	5.0	15.0	-9.0	-3.7	1.7	7.1	12.5
Kleinwagen E-Mobil	Nissan - Leaf	1625	0.29	2.27	1.4	3.6	10.7	32.4	-18.4	-7.4	3.6	14.7	25.6
Kleinwagen E-Mobil	Mitsubishi - i-MiEV	1185	0.35	2.00	1.1	3.0	9.3	28.6	-13.0	-5.0	3.0	11.1	19.1
Kleinwagen E-Mobil	BMW - i3	1270	0.29	2.00	1.1	3.0	8.8	26.8	-14.2	-5.7	3.0	11.6	20.1
Kleinwagen Range Extender	BMW - i3 Range Extender	1315	0.29	2.00	1.2	3.0	9.0	27.3	-14.5	-5.9	3.0	12.0	20.8
Mittelklasse Otto	Audi - A4	1469	0.31	2.20	1.3	3.4	10.3	31.3	-16.4	-6.6	3.4	13.4	23.3
Mittelklasse Hybrid Otto	Toyota - Prius	1525	0.26	2.02	1.3	3.3	9.5	28.3	-17.4	-7.1	3.3	13.8	23.9
Mittelklasse PHEV Otto	Toyota - Prius 1.8 Plug-In Hybrid	1525	0.26	2.02	1.3	3.3	9.5	28.3	-17.4	-7.1	3.3	13.6	23.9
Mittelklasse Range Extender	Opel - Ampera	1823	0.27	2.28	1.6	3.9	11.2	33.6	-20.8	-8.5	3.9	16.3	28.6
Limousine	BMW - 730d	1950	0.29	2.41	1.7	4.2	12.3	36.8	-22.2	-9.0	4.2	17.5	30.6
Limousine E-Mobil	Tesla - Model S	2108	0.27	2.40	1.8	4.4	12.5	37.4	-24.1	-10.0	4.4	18.7	32.9
SUV	VW - Touareg	2336	0.41	2.78	2.1	5.6	16.7	51.0	-26.1	-10.3	5.6	21.4	37.2
SUV Hybrid	VW - Touareg Hybrid	2358	0.41	2.78	2.1	5.6	16.8	51.2	-26.3	-10.5	5.6	21.6	37.5
SUV	Audi - Q7	2500	0.38	2.91	2.2	5.8	17.2	52.0	-28.1	-11.2	5.8	22.8	39.6
Sport	Lotus Elise S2	876	0.41	2.10	1.0	2.8	9.2	29.0	-9.1	-3.2	2.8	8.8	14.7
Sport E-Mobil	Tesla - Roadster	1335	0.35	2.10	1.2	3.3	10.1	31.0	-14.8	-5.8	3.3	12.4	21.4
Sport Hybrid	BMW - i8	1490	0.26	1.80	1.3	3.1	8.9	26.5	-17.1	-7.0	3.1	13.2	23.3
Sport Hybrid	Porsche - 918 Spyder	1640	0.36	1.90	1.5	3.7	11.0	33.2	-18.5	-7.4	3.7	14.9	25.9
Transporter	Mercedes - Vito	2250	0.33	3.69	2.1	5.5	16.9	51.8	-24.9	-9.8	5.5	20.8	36.0
E-Mobil Transporter	Mercedes - eVito	2900	0.33	3.69	2.6	6.6	19.5	58.8	-32.7	-13.2	6.6	26.3	45.8

Bild 6: Radantriebsleistung bei unterschiedlichen Fahrbedingungen

Es zeigt sich, dass die erforderliche Radantriebsleistung im Wesentlichen durch die Fahrzeugmasse und den Luftwiderstandsbeiwert multipliziert mit der Fahrzeugstirnflä-che beeinflusst wird. Darüber hinaus beeinflussen Beschleunigungsvorgänge, wie in Bild 7 beispielhaft für ein Mittelklassefahrzeug gezeigt, die erforderliche Radantriebs-leistung erheblich, verbunden mit stark erhöhtem Energiebedarf und deutlich zuneh-mendem Kraftstoffverbrauch.

Aus den Radantriebsleistungen und vorgegebenen Fahrproprofilen (NEFZ, Realzyklus) lassen sich die Energiemengen für eine Fahrstrecke von 100 km ermitteln, Bild 8. Es zeigen sich auch in der hier durchgeführten Analyse mittels Berechnung und vereinzel-ter Validierung, dass der Energiebedarf für die Radantriebsleistung im NEFZ, FTP75 und in einem so genannten Karlsruhezyklus, der real vermessen wurde und die dabei ermittelten Daten in das Rechenprogramm integriert wurden. Dieser Zyklus besteht zu ca. 20% aus einer Stadtfahrt in Karlsruhe, zu ca. 30% aus einer Autobahnfahrt bis zu ei-ner Maximalgeschwindigkeit von 150 km/h und ca. 50% Fahrt auf der Landstraße. Bei der Landstraßenfahrt waren sowohl Bergstrecken als auch Talfahrten enthalten. Insge-samt wurde der Kurs zügig durchfahren mit einer Durchschnittsgeschwindigkeit von etwas mehr ca. 65 km/h. Die Streckenlänge umfasste ca. 75 km.

Vergleicht man die Ergebnisse der Berechnungen für den Karlsruhezyklus mit denen für den NEFZ, so stellt man fest, dass diese ca. um den Faktor 3 größer sind, was auf die re-lativ zügige Fahrweise mit deutlichen Beschleunigungsphasen zurückzuführen ist. Bei einer gemäßigteren Fahrweise mit deutlich weniger Berg- und Talfahrten reduzieren sich diese auf etwa die Differenz zwischen den Werten für den hier dynamisch gefahrenen Karlsruhezyklus und den NEFZ.

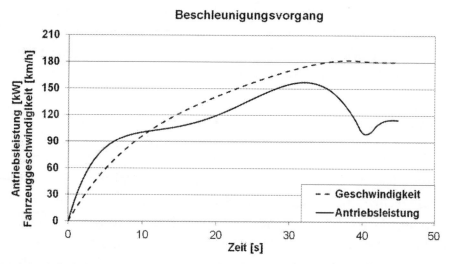

Bild 7: Radantriebsleistung für einen Beschleunigungsvorgang auf 180 km/h für ein Fahrzeug der oberen Mittelklasse

Fahrzeugklasse	Fahrzeug	m_{Gesamt}	c_W	A_{Stirn}	Energieverbrauch [kWh/100km]		
					Transiente Fahrzyklen		
		kg	-	m²	Karlsruhezyklus (Überland)	FTP75	NEFZ
Kompakt Otto	Smart - Fortwo	805	0.37	2.20	26.3	6.9	8.4
Kompakt E-Mobil	Smart - Fortwo Electric Drive	955	0.37	2.20	27.8	7.5	9.0
Kleinwagen Otto	VW - Polo	1100	0.32	2.04	25.9	7.4	8.6
Kleinwagen Hybrid	VW - XL1	795	0.19	1.50	14.6	4.5	5.1
Kleinwagen E-Mobil	Nissan - Leaf	1625	0.29	2.27	31.6	9.5	10.9
Kleinwagen E-Mobil	Mitsubishi - I-MiEV	1185	0.35	2.00	27.8	7.9	9.3
Kleinwagen E-Mobil	BMW - i3	1270	0.29	2.00	26.1	7.7	8.9
Kleinwagen Range Extender	BMW - i3 Range Extender	1315	0.29	2.00	26.6	7.9	9.1
Mittelklasse Otto	Audi - A4	1469	0.31	2.20	30.4	9.0	10.4
Mittelklasse Hybrid Otto	Toyota - Prius	1525	0.26	2.02	27.6	8.5	9.6
Mittelklasse PHEV Otto	Toyota - Prius 1.8 Plug-In Hybrid	1525	0.26	2.02	27.6	8.5	9.6
Mittelklasse Range Extender	Opel - Ampera	1823	0.27	2.28	32.8	10.2	11.5
Limousine	BMW - 730d	1950	0.29	2.41	35.9	11.0	12.5
Limousine E-Mobil	Tesla - Model S	2108	0.27	2.40	36.5	11.5	12.9
SUV	VW - Touareg	2336	0.41	2.78	49.6	14.6	16.8
SUV Hybrid	VW - Touareg Hybrid	2358	0.41	2.78	49.9	14.6	16.9
SUV	Audi - Q7	2500	0.38	2.91	50.6	15.1	17.3
Sport	Lotus Elise S2	876	0.41	2.10	28.0	7.3	9.0
Sport E-Mobil	Tesla - Roadster	1335	0.35	2.10	30.2	8.7	10.1
Sport Hybrid	BMW - i8	1490	0.26	1.80	26.0	8.2	9.1
Sport Hybrid	Porsche - 918 Spyder	1640	0.36	1.90	32.3	9.7	11.1
Transporter	Mercedes - Vito	2250	0.33	3.69	50.4	14.5	17.0
E-Mobil Transporter	Mercedes - eVito	2900	0.33	3.69	57.3	17.2	19.7

Bild 8: Energiebedarf für eine Fahrstrecke von 100 km im NEFZ und bei Realbetrieb

Das zeigt, dass die tatsächlich benötigte Energiemenge im Fahrbetrieb in erster Linie von der Fahrweise des jeweiligen Fahrers abhängt. Es darf hier aber nicht der Fehler gemacht werden, dass der Kraftstoffverbrauch mit Verbrennungsmotor in der gleichen Weise ansteigt. Die Zunahme im Kraftstoffverbrauch ist deutlich geringer, da der Verbrennungsmotor bei zügiger Fahrweise im Motorverbrauchskennfeld im spezifisch günstigeren Bereich betrieben wird. Dies gilt aber nur, wenn man es mit den Beschleunigungen bzw. der Dynamik nicht übertreibt.

Teilsysteme „Fahrzeug" und „Energiebereitstellung"

Unabhängig von der Antriebsart ist für ein Kraftfahrzeug Energie für Komfort- und Sicherheitsanforderungen notwendig. Hierzu zählen zum Beispiel die Energie für Beleuchtung, Scheibenwischer, Airbags, Gebläse und insbesondere der für die Aufheizung des Fahrzeuginnenraums erforderliche Heiz- oder Kühlleistungsbedarf. Durchgeführte Berechnungen beispielsweise zum Aufheizverhalten von einem Pkw der Mittelklasse haben ergeben, dass bei einer Temperatur von -20 °C eine Heizleistung von 7,04 kW, bei -10 °C eine Heizleistung von 5,04 kW und bei 0 °C eine Heizleistung von 3,03 kW erforderlich ist. Bei größeren und kleineren Fahrzeuge sind die Unterschiede hierzu relativ gering, so dass man in guter Näherung von diesen Werten auch für kleinere und größere Pkw ausgehen kann. Bei SUVs, Vans und Transportern sind höhere Heizleistungen notwendig.

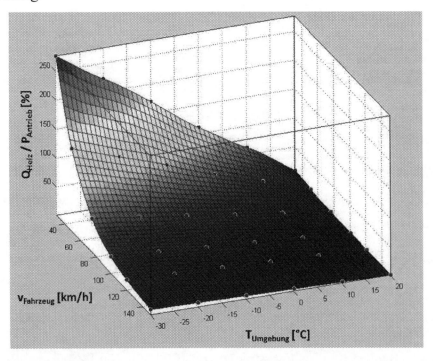

Bild 9: Verhältnis des Heizleistungsbedarfs zur Radantriebsleistung (Mittelklassefahrzeug)

Betrachtet man die mittlere Temperaturverteilung über ein Jahr für die Stadt Frankfurt/Main, so ergibt sich eine mittlere Temperatur von ca. 10 °C (exakt 9,8 °C). Allgemein wird Frankfurt/Main als repräsentativ für die mittleren in Deutschland und auch in Europa (die mittlere Temperatur liegt hier mit ca. 11 °C etwas höher) vorliegenden Temperaturen angesehen. Bezieht man die benötigte Heizleistung auf die geforderte Antriebsleistung, ergibt sich der in Bild 9 dargestellte Zusammenhang in Abhängigkeit der Fahrzeuggeschwindigkeit und der Umgebungstemperatur für ein Fahrzeug der Mittelklasse.

In Bild 10 sind die Verhältnisse von Heizleistung zur Radantriebsleistung für drei Geschwindigkeiten und den NEFZ bei den Temperaturen von -20 °C, -10 °C und 0 °C aufgeführt. Es wird deutlich, dass über 30% Energie zusätzlich zu der Antriebsleistung für die Klimatisierung des Fahrzeuginnenraums anfallen, sofern man die über das gesamte Jahr benötigte Heizleistung mittelt und auf den NEFZ bezieht. Nimmt man für den realen Fahrbetrieb eine durchschnittliche Geschwindigkeit von ca. 50 km/h an, was gut mit der mittleren gefahrenen Geschwindigkeit in Deutschland übereistimmt, so ergibt sich ein Heizleistungsbedarf von ca. 30 % der Radantriebsleistung im realen Fahrbetrieb.

	50 km/h	80 km/h	120 km/h	NEFZ
-20°C	185%	81%	34%	142%
-10°C	132%	58%	24%	102%
0°C	80%	35%	15%	61%
Frankfurt /Main	44%	19%	8%	**33,7%**

Bild 10: Verhältnis des Heizleistungsbedarfs zur Radantriebsleistung (Mittelklassefahrzeug)

Für die weitere Versorgung der Sicherheits- und Komfortfunktionen im Fahrzeug ist eine Leistung von ca. 750 W bei dem Mittelklasse-Referenzfahrzeug erforderlich, was bei der angenommenen mittleren Geschwindigkeit von 50 km/h einem Energiebedarf von 1,5 kWh/100 km entspricht.

Energieverluste, die bei der Förderung fossiler Energieträger wie Erdöl, der Umwandlung zu Kraftstoffen (Benzin, Diesel) in der Raffinerie und beim Transport vom Förderort zur Raffinerie und von der Raffinerie zur Tankstelle und somit zum Fahrzeug anfällt, sind ebenfalls in die Bewertung der Effizienz und Umweltverträglichkeit von Fahrzeugantrieben bzw. Fahrzeugen mit einzubeziehen. Hierzu gibt es stark differenzierende Aussagen. In den 1970er Jahren wurden bereits in Vorlesungen zu Verbrennungsmotoren und anderen Veröffentlichungen Verluste im Bereich zwischen 8% und 15% angegeben, je nach Raffineriegüte in verschiedenen Regionen (Europa, Japan, USA). In der heutigen öffentlichen Diskussion werden Werte in dieser Größenordnung angegeben, teilweise werden aber auch Verluste bis zu 30% propagiert. In früheren Analysen [2] haben wir 10% angenommen, wobei dieser Wert durch Kollegen am KIT, die sich mit Raffinerieprozessen befassen, bestätigt wurde [4]. Veröffentlichungen verschiedener Mineralöl- und Automobilunternehmen und auch von öffentlichen Institutionen geben meistens Werte zwischen 10% und 15%, vereinzelt bis zu 20% an. Von Ricardo [5] ist in einer Studie zum „Well-to-Wheel-Energieverbrauch" ein Wert angegeben, der sich direkt auf die CO_2-Emissionen bezieht. Dort wird ausgeführt, dass ein europäisches Neufahrzeug im Mittel 160 g CO_2/km entsprechend den Ergebnissen in Bild 2 für den NEFZ und einschließlich Förderung, Produktion und Bereitstellung des Kraftstoffs 179 g CO_2/km erzeugt. Dies bedeutet einen Anteil von 11,9%. Vor diesem Hintergrund wird hier in der weiteren Analyse ein zusätzlicher Anteil an Energiebedarf in Höhe von 12% für die Kraftstoffbereitstellung berücksichtigt.

Entsprechend muss für die Elektromobilität der bei der Stromerzeugung erforderliche Energiebedarf und die dabei entstehende CO_2-Emission berücksichtigt werden.

Ermittlung der CO_2-Emissionen von Benzin, Diesel und Strom

Um die CO_2-Emissionen aus dem Gesamtenergiebedarf und im Hinblick auf den CO_2-Eintrag in die Atmosphäre sowohl für den verbrennungsmotorischen Antrieb als auch den Elektroantrieb zu vergleichen, ist es zunächst erforderlich, den Zusammenhang zwischen Kraftstoffverbrauch und CO_2-Emission sowie zwischen elektrischer Energie und CO_2-Emission zu kennen.

Für Benzin als Kraftstoff wird in der Literatur und in den meisten Analysen für den Verbrauch von einem Liter Benzin eine produzierte Emission von 2,35 kg CO_2 angegeben. Dieses ist jedoch die Menge, die bereits in den 1970er und 1980er Jahren des vorigen Jahrhunderts in der Literatur angegeben wurde und für die Verbrennung des damals eingesetzten Benzins ohne zusätzliche Beimischungen von Alkoholkraftstoffen (z. B. Ethanol). Im heutigen Superkraftstoff mit der Oktanzahl ROZ95 sind ca. 5% Ethanol als Beimischung enthalten, was den Anteil an Kohlenstoff um ca. 2,5% reduziert. Dadurch reduziert sich die pro Liter verbranntem Benzin erzeugte CO_2-Emission auf ca. 2,30 kg. Gleichzeitig reduzieren sich auch die masse- und volumenbezogenen Heizwerte, wobei in der Anwendung im Kraftfahrzeug der volumetrische Heizwert von Bedeutung ist. Dieser reduziert sich ebenfalls um ca. 2,5% von 31.700 kJ/dm^3 auf 30.900 kJ/dm^3 beim heutigen Superbenzin (ROZ = 95). Beim Einsatz von Superbenzin E10 reduziert sich der volumetrische Heizwert weiter auf 30.100 kJ/ dm^3 und die erzeugte CO_2-Emission pro Liter verbranntem Kraftstoff auf 2,25 kg.

Auch beim Dieselkraftstoff wird heute immer wieder der bereits aus den 1970er und 1980er Jahren bekannte Wert von 2,65 kg CO_2 als emittierte CO_2-Menge bei der Verbrennung von einem Liter angegeben. Auch beim Diesel sind heute geringe Mengen an

Biokraftstoffanteilen beigefügt (bis zu 7%), die positive Auswirkung auf die CO_2-Emissionen haben. Da diese mehr Kohlenstoff enthalten als Ethanol, ist die Auswirkung auf die CO_2-Emission geringer. Daher kann mit einem Wert von 2,60 kg CO_2 pro Liter verbranntem Dieselkraftstoff gerechnet werden. Der volumetrische Heizwert von Dieselkraftstoff beträgt 35.600 kJ/ dm^3.

Aus den Heizwerten lassen sich sehr einfach die in einem Liter Kraftstoff enthaltene Energiemenge in kWh ermitteln. So ergibt sich für Superbenzin mit ROZ = 95 ein Wert von 8,6 kWh pro Liter. Beim E10-Kraftstoff ergeben sich 8,4 kWh pro Liter. Dieselkraftstoff enthält eine Energiemenge von 9,9 kWh pro Liter, also kann man zur Vereinfachung in guter Näherung mit 10 kWh in einem Liter Dieselkraftstoff rechnen.

Mit diesen Werten ergeben sich für die Umsetzung der Energiemenge von einer kWh in einem Verbrennungsmotor folgende CO_2-Emissionen:

Superbenzin ROZ 95: 268 g CO_2/kWh

Superbenzin E10:   268 g CO_2/kWh

Dieselkraftstoff: 263 g CO_2/kWh

Bei Berücksichtigung des Anteils für Förderung, Transport und Herstellung der einzelnen Kraftstoffe ergeben sich dann folgende Emissionswerte:

Superbenzin ROZ 95: 300 g CO_2/kWh

Superbenzin E10:   300 g CO_2/kWh

Dieselkraftstoff: 300 g CO_2/kWh

Aufgrund der hier durchgeführten Analyse ist es für weitere Betrachtung durchaus sinnvoll, vereinfachend von 300 g CO_2/kWh beim Einsatz von Benzin und Diesel im Verbrennungsmotor auszugehen und damit zu rechnen.

Führt man die gleiche Betrachtung für den Fall des elektrischen Fahrens mit Strom als Energiequelle durch, so sind zunächst die verschiedenen Arten der Stromerzeugung zu berücksichtigen. Ausgehend von unterschiedlichen Primärenergien, die bei der Stromerzeugung eingesetzt werden (erneuerbare Energie aus Wind, Sonne und Biomasse; Kernenergie; Stein- und Braunkohle, Gas, Sonstige), hat sich für das Jahr 2012 in Deutschland insgesamt pro Kilowattstunde erzeugtem Strom ein CO_2-Emission von 576 g CO_2/kWh ergeben [6]. Dieser Wert ist höher als in den Jahren 2011 (560 g CO_2/kWh) und 2010 (530 g CO_2/kWh), was bedeutet, dass trotz des zunehmenden Einsatzes von Wind- und Sonnenenergie die CO_2-Emissionen bei der Stromerzeugung in den letzten Jahren zugenommen haben. Durch die Zunahme der Elektromobilität und der damit benötigten zusätzlichen Stromproduktion wird dieser Zusammenhang weiter verschärft, was unbedingt auch in der politischen und öffentlichen Diskussion zu berücksichtigen ist. Auch der gerne angeführte Hinweis, dass man gezielt grünen Strom tankt, ändert an dieser Situation wenig bzw. nichts, da dieser dann eingespeicherte grüne Strom irgend-wo anders fehlt, z. B. bei der Beleuchtung oder sonst im Haushalt oder in der industriel-len Nutzung. Im Gegenteil, wenn man in der Nacht die Akkumulatoren im Fahrzeug auflädt, entnimmt man ausschließlich Strom aus Kraftwerken, die im Fall von Stein- und Braunkohle über 800 - 1000 g CO_2/kWh produzieren [6].

Auswirkungen auf die CO_2-Emissionen unter Alltagsbedingungen

Zur Ermittlung der gesamten CO_2-Emissionen unter realen Fahrbedingungen für die unterschiedlichen Fahrzeuge ist es zunächst erforderlich, die gesamte notwendige Energie für das jeweilige Fahrzeug zu ermitteln. Beim Verbrennungsmotor ist zusätzlich der tatsächliche Kraftstoffverbrauch zu berücksichtigen, um die CO_2-Emissionen zu bestimmen, während beim Elektroantrieb die Kenntnis der Gesamtenergie in kWh ausreicht, um die CO_2-Emissionen zu berechnen. Bild 11 zeigt tabellarisch die Energiemengen ausgewählter Fahrzeuge mit Verbrennungsmotor, Hybridantrieb und Elektroantrieb. Aufgeführt sind die erforderlichen Antriebsenergien für dynamisches und moderates Fahren sowie für zusammengefasst die Werte für Klimatisierung und Stromversorgung des Fahrzeugs. Zusätzlich sind der tatsächliche Kraftstoffverbrauch für dynamisches und moderates Fahren sowie die entsprechende elektrische Energie bei den Elektrofahrzeugen. In den letzten beiden Spalten sind dann die im Betrieb produzierten CO_2-Emissionen für die beiden Fahrprofile aufgeführt.

Fahrzeugklasse	Fahrzeug	Radantriebsleistung [kW]		Heizenergie	Verbrauch		CO_2-Emission [g/km]	
		moderat	dynamisch	[kWh]	moderat	dynamisch	moderat	dynamisch
Kompakt Otto	Smart - Fortwo	17.9	26.3	4.0	5.5 l	-	142	-
Kompakt Diesel	Smart - Fortwo Diesel	18.0	27.0	4.1	4.3 l	-	128	-
Kompakt E-Mobil	Smart - Fortwo Electric Drive	18.9	27.8	4.5	23,5 kWh	-	135	-
Kleinwagen ecoDiesel	VW - Polo Bluemotion	17.3	25.9	5.9	4.5 l	5,8 l	134	172
Kleinwagen E-Mobil	Nissan - Leaf	20.7	31.6	7.0	26 kWh	32 kWh	150	184
Mittelklasse Otto	Audi - A4	20.0	30.4	7.5	8,0 l	10,0 l	206	258
Mittelklasse Diesel	Audi - A4 TDI	20.5	31.0	7.5	5,8 l	7,4 l	172	220
Mittelklasse Range Extender	Opel - Ampera	21.3	32.8	8.0	6,0 l	7,5 l	155	194
Mittelklasse Hybrid Otto	Toyota - Prius	18.0	27.6	5.7	4.7 l	6,2 l	121	160
Limousine	BMW - 730d	23.4	35.9	8.0	7.7 l	9,5 l	229	282
Limousine E-Mobil	Tesla - Model S	23.6	36.5	8.1	34 kWh	46 kWh	196	265
SUV	VW - Touareg TDI	32.8	49.6	11.0	8,5 l	10,7 l	252	318
SUV Hybrid	VW - Touareg Hybrid	33.0	49.9	11.3	9,0 l	11,8 l	232	304
Transporter	Mercedes - Vito CDI	33.4	50.4	11.4	9.0 l	11,5 l	267	342
E-Mobil Transporter	Mercedes - eVito	37.6	57.3	12.5	38 kWh	-	219	-

Bild 11: Energiebedarf und CO2-Emissionen ausgewählter Fahrzeuge bei dynamischer und moderater Fahrweise

Es zeigt sich, dass bei vergleichbaren heute im Markt befindlichen Fahrzeugen mit verbrennungsmotorischem Antrieb und Elektroantrieb die Fahrzeuge mit Dieselmotor in
der Regel die besten Werte mit den geringsten CO_2-Emissionen aufweisen. Fahrzeuge
mit Ottomotoren weisen in der Tendenz etwas höhere CO_2-Emissionen auf. Der große
Nachteil bei den Fahrzeugen mit Elektroantrieb ist die geringe Reichweite mit einer
Akkuladung, die dann auch noch sehr stark schwankt in Abhängigkeit vom Fahrer und
von der Außentemperatur. So soll beispielsweise der Nissan Leaf als reines Elektrofahrzeug eine Reichweite von 170 km haben, die aber praktisch niemals erreicht wird, insbesondere bei tiefen Temperaturen, Bild 12 [7]. Bei Umfragen des ADAC hat sich ergeben, dass ein typischer Nutzer in Deutschland eine Mindestreichweite von 350 km
erwartet. Dies bedeutet aber, dass die Akkumulatoren zur Stromspeicherung im Fahrzeug erheblich größer und schwerer werden, wodurch der Energiebedarf und damit auch
die CO_2-Emissionen noch mehr zunehmen, wie bereits in [2] vorgestellt.

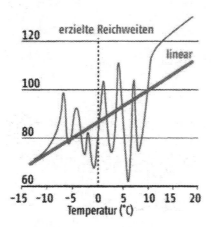

Bild 12: Reichweiten des Nissan Leaf bei verschiedenen Temperaturen und Fahrern

Abschließend wird am Beispiel eines Smart-Fahrzeugs ein Kostenvergleich vorgenommen und in Bild 13 dargestellt. Verglichen werden ein Smart 1,0 mhd mit Benzinmotor,
ein Smart mit Dieselmotor und ein e-Smart mit Elektroantrieb. Es zeigt sich, dass der e-
Smart im NEFZ entsprechend der heute gültigen Definition die niedrigsten CO_2-
Emissionen aufweist, während er im Realbetrieb zwischen dem Dieselmotor und dem
Benzinmotor liegt. Betrachtet man die Kosten, fällt zunächst der deutlich höhere An-
schaffungspreis beim e-Smart auf. Als günstig erscheint zunächst die Besonderheit, dass
der Akku für 65 €/Monat gemietet werden kann. Dies bedeutet aber, dass dieser Betrag
jeden Monat anfällt, unabhängig davon, ob man fährt oder nicht fährt. Kauft man beim
Verbrennungsmotor für diesen Betrag Kraftstoff zu den heutigen Preisen, kann man mit
dem Benzinmotor bereits 790 km Strecke zurücklegen und beim Dieselmotor sogar
1.100 km. Nimmt man weiter an, dass man tatsächlich jeden Monat 1.000 km fährt und
dieses über 5 Jahre (60.000 km) beibehält, so betragen die Gesamtkosten beim Benzinmotor 15.745 €, beim Dieselmotor 15.635 € und beim Elektroantrieb 27.190 €. Auch
hier ist zu beachten, dass die Reichweite beim e-Smart ca. 175 km betragen soll.

Vergleich: VM-Smart zu e-Smart

Fahrzeugtyp:	1,0 l Benzin mhd	0,8 l Diesel	e-Smart
Leistung	52 kW	40 kW	35 kW (55kW)
Verbrauch (NEFZ/Real in Liter/100km)	4,2 l / 5,5 l	3,3 l / 4,3 l	15,1 kWh / 23,5 kWh
CO_2-Emissionen (NEFZ/Real in g/km)	108 g / 142 g	98 g / 128 g	0 g bzw. 87 g / 135 g
Kaufpreis	10.825 €	12.095 €	18.910 € ohne Akku!
Betriebskosten (Benzin: 1,50€; Diesel: 1,37 €)	65 € (43 l B)	65 € (47 l D)	65 € (Miete für Akku)
Reichweite/65 €	790 km	1.100 km	0 km
Kosten/Monat (1.000 km)	82 € (65 € + 17 €)	59 €	138 € (73 € für Strom) (32 Cent/kWh)
Gesamtkosten: (60.000 km in 5 Jahren)	15.745 €	15.635 €	27.190 €

Bild 13: Vergleich der Kosten verschiedener Antriebe in einem Smart-Fahrzeug

Zusammenfassung

Eine objektive und physikalisch richtige Beurteilung verschiedener Antriebskonzepte muss die Grundlage für die Gestaltung der zukünftigen individuellen Mobilität sein, um sowohl Ressourcen als auch unsere Umwelt zu schonen. Bei Berücksichtigung des Gesamtsystems „Energiebereitstellung und Fahrzeug" ist der Verbrennungsmotor bereits heute einem Elektroantrieb sowohl energetisch als auch in den klimarelevanten Emissionen mindestens gleichwertig, teilweise sogar überlegen. Darüber hinaus sind auch der individuelle Nutzen, der Komfort und die Kosten beim Verbrennungsmotor vorteilhaft, da bei den heutigen Fahrzeugen mit Elektroantrieb nur eine begrenzte Reichweite und ein eingeschränkter Nutzen möglich sind. Dies wird sich auch in den nächsten Jahrzehnten nicht ändern, da eine Umstellung auf vollständig erneuerbare und emissionsfreie Stromerzeugung für den bisherigen Verbrauch und einen zukünftigen Verbrauch für die Elektromobilität nicht so einfach und schnell zu bewältigen ist wie gerne von Politik, Medien und Interessenverbänden propagiert. Selbst bei weiter steigender regenerativer Stromerzeugung wird die CO_2-Bilanz beim Strom noch viele Jahre höher sein als die CO_2-Emissionen beim Pkw, insbesondere, wenn Verbrennungsmotoren konsequent weiterentwickelt werden. Dies muss auch eine intelligente Elektrifizierung des Antriebsstrangs beim Verbrennungsmotor beinhalten, z. B. durch passende Hybridtechnik. Auch langfristig wird der Verbrennungsmotor deshalb die primäre Antriebsquelle der Mobilität bleiben. Tatsache ist, dass ein Hybridantrieb kein Elektroantrieb ist, sondern in erster Linie ein verbrennungsmotorischer Antrieb, bestehend aus einem Verbrennungsmotor als Hauptantrieb und einem ergänzenden Elektromotor zur Unterstützung.

Literatur

[1] N.N.: Berechnungen und Angaben des Umweltbundesamts (UBA) und des Allgemeinen Deutschen Automobilclubs (ADAC), ADAC Motorwelt 6/2013

[2] Spicher, U.: Analyse und Effizienz zukünftiger Antriebssysteme für die individuelle Mobilität – Vergleich und Grenzen, 8. MTZ-Fachtagung „Der Antrieb von morgen", 24. und 25.01.2012, Wolfsburg

[3] Schaub, G.; Turek, Th.: Energy Flows, Material Cycles and Global Development. Springer-Verlag, ISBN 978-3-642-12735-9

[4] P. Mock et al: White Paper „From laboratory to road", International Council on Clean Transportation (ICCT), May 2013

[5] N.N.: Well-to-Wheel-Energieverbrauch, veröffentliche Berichte der Ricardo GmbH

[6] N.N.: „CO2-Emissionen pro Kilowattstunde Strom steigen nach 2010 wieder an", Zitat Umweltbundesamt 07/2013

[7] N.N.: ADAC Motorwelt 9/2013

Tank-To-Wheel CO2 Emissions Of Future C-Segment Vehicles

Dr. Edoardo Pietro Morra - Senior Development Engineer
PTE / DSS, AVL List GmbH Graz
mail: edoardo-pietro.morra@avl.com
telephone: +43 664 88631323

Dr. Raimund Ellinger - Skill Team Leader
PTE / DSS, AVL List GmbH Graz

Dr. Stephen Jones - Lead Engineer System Simulation
PTE / DSS, AVL List GmbH Graz

Dr. Arno Huss - Technical Expert Hybrid and System Simulation
PTE / DSS, AVL List GmbH Graz

DI (FH) Rolf Albrecht - Senior Simulation Engineer
PTE / DSS

© Springer Fachmedien Wiesbaden GmbH, ein Teil von Springer Nature 2018
J. Liebl (Hrsg.), *Der Antrieb von morgen 2014*, Proceedings,
https://doi.org/10.1007/978-3-658-23785-1_8

Abstract

This paper presents the results of a tank-to-wheel CO2 emission study for the currently proposed framework of the WLTP. The study is based on a similar, comprehensive pre-study for the framework of the NEDC that was carried out in cooperation with EUCAR and published in July 2013 [1]. The pre-study analyses the future trend of tank-to-wheel CO2 emissions along the NEDC of a reference C-segment vehicle featuring a wide range of powertrain configurations from conventional to fully electrified concepts.

The actual investigation is carried out for the same reference C-segment vehicle for both the NEDC and WLTC with key focus on the comparison between the two driving cycles and the respective CO2 emissions and energy consumption for the different powertrain topologies. In the first part, the paper deals with a detailed analysis of the two driving cycles including an overview of the key characteristics, the energy required at wheels and legislation-related information.

The results show the Tank-to-Wheel CO2 emissions and energy consumption of all the analyzed topologies. Key outcomes are:
- In the analyzed C-segment class, the vehicles featuring conventional powertrains with manual transmission perform lower fuel consumptions and CO2 emissions along the WLTC. This is mainly due to significantly improved engine efficiency (resulting from an optimized MT shift profile possible within the WLTP and overall higher engine loads) and lower impact of the cold start in the WLTC.
- The electrified vehicles show higher fuel and energy consumption along the WLTC. In case of the HEVs, this is due to the reduced impact of engine downsizing and transmission automation and reduced potential of the hybridization.
- With increased electrification (from HEVs, to PHEVs and to REEVs) the impact of the engine technology on the overall energy consumption becomes smaller.

1 Introduction

Sustainable and efficient energy consumption is a major concern of the modern society. A promising technology in the automotive sector is the vehicle electrification. However, the not mature technology of batteries (and fuel cells) does not support vehicle requirements such as vehicle range, maximum speed and costs. An interesting trade-off between conventional vehicles and electric vehicles is represented by the Hybrid Electric Vehicles (HEVs), i.e. vehicles featuring both electric motor(s) and traditional combustion engine ([2-5]).

The study gives an overview of the Tank-To-Wheel CO2 emissions and energy consumptions of a wide range of conventional and electrified vehicles considering 2020 technology framework along the NEDC and WLTC. The input data used for the vehicle simulation were defined during a previous project for the European Council for Automotive R&D (EUCAR) ([1]). The goal of this activity was to evaluate state of art todays powertrain technology and 2020 technology framework (i.e. the increase of average efficiency in powertrain components by 2020) along the NEDC only ([6]).

2 Methodology

AVL Cruise is a vehicle and powertrain system simulation tool and has been used in the study as simulation platform. The input data (in term e.g. of vehicle and component specifications) were defined during the mentioned cooperation with EUCAR ([1]).

Figure 1 compares the speed profile of the NEDC and the WLTC. The proposed WLTC is valid for vehicles with a power density greater than 34 W/kg (so called Class 3) and a maximum speed greater than 120 km/h.

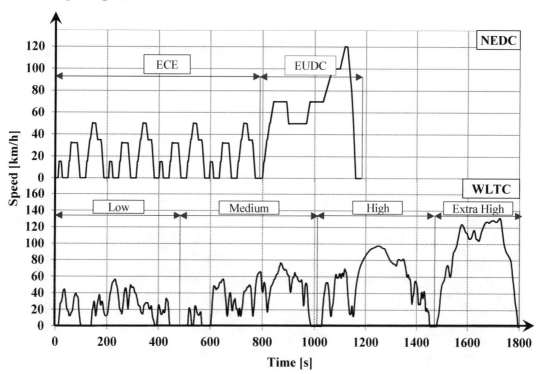

Figure 1: NEDC and WLTC: velocity profiles

Table 1 shows the main characteristics of NEDC and WLTC. Key differences, that have a significant impact on the fuel economy, are:

- The WLTC lasts for 1800 sec (ca. 53% longer than the NEDC) and features a higher mileage (ca. +112%). Therefore, the engine cold start has a lower impact on the overall fuel economy.
- The WLTC shows higher average speed, maximum speed and maximum acceleration, but comparable maximum deceleration.

- The duration of the vehicle stop time is in percentage shorter for the WLTC. This implies a lower impact of the Stop&Start functionality on the fuel economy.

Table 1: WLTC and NEDC: key characteristics

		NEDC			**WLTC (Class3 – vmax>120 km/h)**				
		ECE	EUDC	Total	Low	Medium	High	Extra High	Total
Duration	[s]	780	400	1180	589	433	455	323	1800
Stop duration	[s]	247	40	287	149	48	30	7	234
Distance	[km]	4.1	6.9	11.0	3.1	4.8	7.2	8.3	23.3
% of Stops	[%]	31.7	10.0	24.3	25.3	11.1	6.6	2.2	13.0
Max speed	[km/h]	50.0	120.0	120.0	56.5	76.6	97.4	131.3	131.3
Avr speed	[km/h]	27.4	69.5	44.4	25.3	44.5	60.7	94.0	53.5
Max deceleration	[m/s^2]	-0.93	-1.39	-1.39	-1.50	-1.50	-1.50	-1.44	-1.50
Max acceleration	[m/s^2]	1.04	0.84	1.04	1.61	1.61	1.67	1.06	1.67

Figure 2 compares the two driving cycles in term of traction energy required at wheels (vehicle specifications are provided in the following chapter). The vehicle drag, due to the high average and maximum velocity, has a bigger impact and the energy required along the WLTC is ca. 2.4 times larger with:

- NEDC: 0.86 kWh (for 11.0 km) = 7.79 kWh/100km
- WLTC: 2.20 kWh (for 23.3 km) = 9.44 kWh/100km (*+21.2%*)

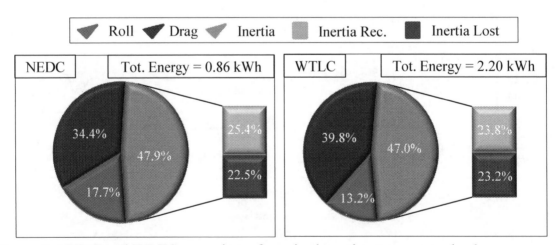

Figure 2: NEDC and WLTC: overview of required traction energy at wheels

Figure 2 presents also the estimated actual energy that can be recuperated and used during electric drive by an electrified vehicle. The slightly lower fraction of energy for the vehicle inertia and the reduce efficiency of the electrified components along the WLTC imply a slightly smaller impact of the recuperation functionality (from 25.4% to 23.8%).

NEDC: FC for Hybrid Electric Vehicles with Plug-In Feature

The current European Legislation ([6]) defines, for the evaluation of the fuel consumption (FC$_{Cert}$) of a Hybrid Electric Vehicle with plug-in feature:

$$FC_{Cert} = \frac{D_x \cdot FC_{CD} + 25 \cdot FC_{CS}}{D_x + 25}, \text{ with:}$$

- FC_{CD}, FC_{CS}: Fuel Consumption during Charge Depleting, Charge Sustaining
- D_x: Electric Range during Charge Depleting

In case of ICE intermittently turned-on during charge depleting (in the study assumed for the PHEV), it is considered the cumulative electric range and the charge depleting lasts for an integer number of NEDCs (see Figure 3). In case of engine off (in the study assumed for the REEV), the AER is defined until the first engine start, at which the charge depleting phase is completed.

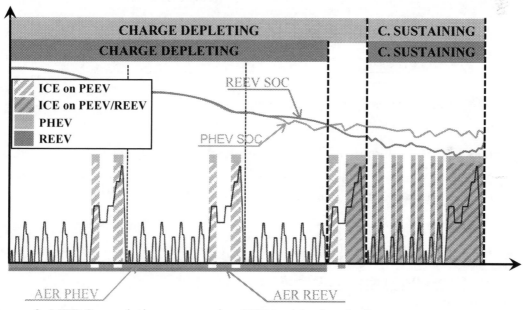

Figure 3: NEDC regulation concerning HEV with plug-in feature

WLTP: Manual Gear Shifting and FC of HEVs with Plug-In

The current release of the WLTP ([7]) presents many differences with respect to the NEDC. Two key aspects concern the gear shifting for manual transmissions and the regulation dedicated to hybrid vehicles with plug-in feature. The gear selection for Manual Transmissions (MT) is based on offline calculation. The WLTP requires that the used gear should be the maximum possible that guarantees:

- The engine speed to be between a defined minimum and maximum;
- The engine to be able to provide the required traction power.

5

This is one of the key differences since it results in a downspeeded engine operation with load conditions towards better engine efficiency. Consequently powertrains with manual transmission concept can optimize the shifting strategy for the WLTC and hence optimize engine efficiency.

Concerning the HEVs with plug-in (in the WLTP, the so called Off-Vehicle Charging HEVs, see Figure 4), the study focuses on the following aspects:

- The AER is defined as the driving distance until the first engine start. It is estimated along repeated WLTCs.
- The weighted CO2 emissions (and similarly for the FC) are defined as:

$$CO_{2,weighted} = \sum(UF_j \cdot CO_{2,CDj}) + \left(1 - \sum(UF_j)\right) \cdot CO_{2,CS} \quad \text{with:}$$

  - UF_j: Utility Factor. The paper adopts the proposal of OICA ([8])
  - $CO_{2,CDj}$: CO2 emissions per km of the j-cycle during charge depleting

- The Electric energy Consumption (EC) is defined as:

$$EC = \frac{E_{AC}}{EAER} = \frac{E_{AC}}{\frac{CO_{2,CS}-CO_{2,CD}}{CO_{2,CS}}R_{cdc}} \quad \text{with:}$$

  - R_{cdc}: Charge Depleting Range (see Figure 4)
  - E_{AC}: Recharged electric energy from the mains

Remark: In the results of Figure 6, Table 8 and Table 9, to allow the algebraic sum of the energy due to consumption of fuel and electricity, the consumption in [MJ/100km] is based on E_{AC} using the equation proposed for the CO2 emissions.

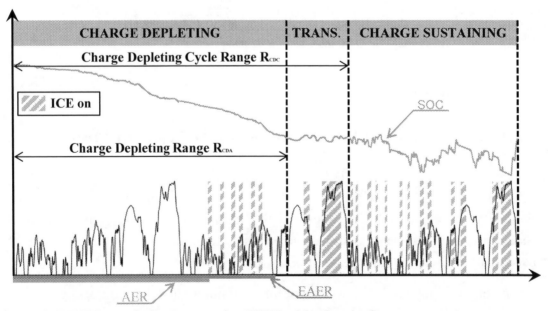

Figure 4: WLTC regulation concerning HEV with plug-in feature

3 Powertrain Configurations and Operating Strategies

Powertrain Configurations

The input data in term of vehicle targets and vehicle specifications (Table 2) were defined in cooperation between EUCAR and AVL.

Table 2: Vehicle targets and specifications

Vehicle Requirements		
Max Acc. 0-100 km/h	[s]	11
Max Acc. 80-120 km/h	[s]	11
Gradeability at 1 km/h	[%]	30
Gradeability at 10 km/h	[%]	20
Top Speed (For BEV and REEVs)	[km/h]	180 (130)
Driving Range	[km]	500
Electric Range For BEV For REEVs For PHEVs	[km]	200 80 20

Vehicle Specifications		
Curb Weight (Conventional with DISI)	[kg]	1200
Cross Sectional Area	[m^2]	2.2
Air Drag Coeff.	[-]	0.24
Rolling Resistance Coeff.	[%]	0.5
Dynamic Rolling Radius	[mm]	309

Concerning the vehicle requirements, due to the battery technology limitations, the top speed in case of the REEV and BEV is reduced to 130 km/h and the total driving range for the BEV to 200 km/h. The PHEVs feature 20 km of electric range and the REEVs 80 km. The vehicle specifications showed in Table 2 were defined by EUCAR ([1]). From these parameters, the following vehicle coast down coefficients derive: F0 = 65.4 N and F2 = 0.024 N/(km/h)^2. The resulting vehicle resistance is ca 20-25% lower than today typical C-segment vehicles and imply low fuel consumption in absolute terms in the analyzed solutions.

Table 3 gives an overview of the powertrain topologies considered in the study. The batteries are based on Li-Ion technology and designed for a voltage range between 300V and 400V. The electric machines are based on Brushless Permanent Magnet Synchronous technology, with continuous-to-peak power ratios in the range between 0.5 and 0.7 (1 in case of the generators). The fuel cells are based on Proton Exchange Membrane (PEM) technology. The same power consumption of the auxiliaries has been defined along both the NEDC and WLTC (e.g. 320 W for the conventional vehicles).

For further details on the powertrain technologies, adopted methodologies for the sizing of the key powertrain components, validation and plausibility check, etc. refer to ([1]).

Table 3: Powertrain topologies: Overview

TOPOLOGY	SCHEMATICS	ADDITIONAL INFO
CONVEN-TIONAL		*Engine (three technologies):* - *1.4 L, 75 kW 4cylinders PISI[1]* - *1.2 L, 85 kW, 3 cylinders DISI[1]* - *1.6L, 85 kW, 4 cylinders DICI[1]* *Transmission: 6gears MT.*
HEV Hybrid Electric Vehicle **PHEV** Plug-In Hybrid Electric Vehicle		*Engine (two technologies):* - *1.0 L, 70 kW, 3 cylinders DISI* - *1.6L, 85 kW, 4 cylinders DICI* *Transmission: 8gears AT, w. launch clutch.* *Electric Machine:* – *HEV: 24 kW, 140 Nm PSMS* – *PHEV: 38 kW, 155 Nm PSMS* *HV Battery:* - *HEV: 1.0 kWh, Li-Ion* - *PHEV: 2.7 kWh, Li-Ion with plug-in*
REEV Range Extender Electric Vehicle		*Engine (two technologies):* - *1.2 L, 47 kW, 3 cylinders DISI* - *1.2L, 63 kW, 3 cylinders DICI* *Electric Machine: 75 kW, 270 Nm PSMS* *Generator:* - *DISI: 50 kW, 105 Nm PSMS* - *DICI: 65 kW, 140 Nm PSMS* *HV Battery: 11.8 kWh, Li-Ion with plug-in*
BEV Battery Electric Vehicle		*Electric Machine: 70 kW, 235 Nm PSMS* *HV Battery: 22.1 kWh, Li-Ion with plug-in*
FCEV Fuel Cell Electric Vehicle **FC REEV** Fuel Cell Range Extender Electric Vehicle		*Electric Machine:* - *FCEV: 70 kW, 270 Nm PSMS* - *FCREEV: 72 kW, 250 Nm PSMS* *HV Battery:* - *FCEV: 1.0 kWh, Li-Ion* - *FCREEV: 10.7 kWh, Li-Ion with plug-in* *Fuel Cell:* - *FCEV: 55 kW, PEM* - *FCREEV: 30 kW, PEM*

---

[1] The abbreviations stands for: PISI: Port-Injection Spark-Ignition
DISI: Direct Injection Spark-Ignition
DICI: Direct Injection Compression-Ignition

Operating Strategies

The simulation models of the electrified powertrains include a control unit that defines the operating strategy for all the key actively controlled powertrain components. The following hybrid functionalities are included:

- **Stop&Start:** the engine is switched-off in case of vehicle standstill, warm state and no low SOC. It is also featured in the conventional powertrains.
- **Regenerative Braking:** it is applied in case of vehicle deceleration. For safety and comfort, the traditional brakes are enabled during severe decelerations or when the electric machine is not able to operate as required.
- **ICE/Fuel Cell Off:** the battery provides the required energy to the traction electric machine and the engine / fuel cell is off.
- **ICE/Fuel Cell Load Point Moving:** the operation of the engine / fuel cell is shifted towards better efficiency conditions by accumulating or releasing energy in/out of the battery.
- **ICE/Fuel Cell Alone:** it is mainly applied in case the engine or fuel cell works at high efficiency. This strategy implies no usage of the battery energy.
- **Battery Assistance:** in case of available energy, the battery supports the engine / fuel cell during full load driving request.

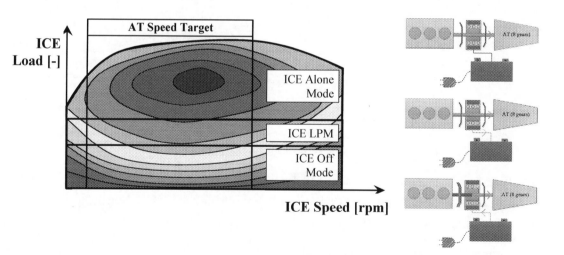

Figure 5: Hybrid Operating Strategy: HEV and PHEV

The adopted operating strategies are based on AVL and EUCAR experience (refer to ([1])). The key target is the optimization of the energy management, but additional aspects like required engine warm-up strategy, minimum engine time on/off have been considered. In case of the PHEVs, REEVs and FCREEV, due to the plug-in feature, two different calibrations of the operating strategy have been implemented (to simulate the charge depleting and charge sustaining phases). Figure 5 shows, as example, the overview of the operating strategy adopted in the case of the HEV and PHEV topologies.

4 Results and Discussions

Figure 6 summarizes the Tank-to-Wheel CO2 emissions and Energy Consumption of all the topologies considered in the study. The results are the outcome of simulation activities that have been validated along the NEDC and extrapolated to the WLTC. To guarantee a high quality of the analysis, they have been compared to the measurements available at AVL. The tests confirm the proposed trends.

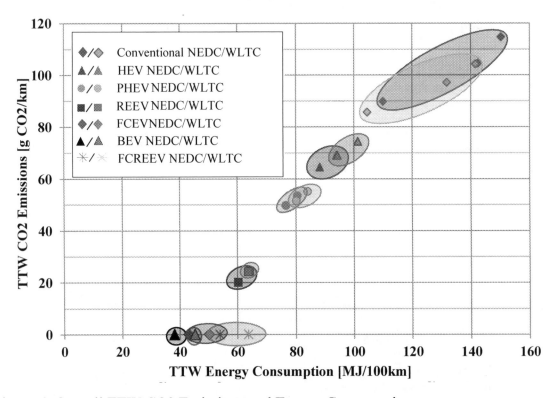

Figure 6: Overall TTW CO2 Emissions and Energy Consumption

The analyzed CO2 emissions refer to the Tank-to-Wheel chain, starting from the vehicle energy inputs (i.e. fuel, electricity or hydrogen). Therefore, no CO2 emissions are emitted by consuming electricity and hydrogen (FCEV, BEV and FCREEV).

The following key aspects can be underlined:
- The conventional vehicle based on manual transmission performs lower fuel consumption and CO2 emissions along the WLTC than along the NEDC.
- The electrified powertrains show the opposite trend, i.e. higher fuel and/or energy consumption along the WLTC.
- The FC improvement potential for the HEVs reduces in average from ca. 30% along the NEDC to ca. 20% along the WLTC.
- The higher the electrification degree (from HEVs, to PHEVs, to REEVs) the lower is the impact of the engine technology on the overall energy consumption.

Conventional Vehicles

Table 4 shows the estimated fuel consumption of the analyzed conventional powertrain based on a manual transmission concept. The CO2 emissions along the NEDC range from 115 g/km (PISI) to 90 g/km (DICI). The WLTC shows lower CO2 emissions: reductions from 5% (DICI) to 7.5% (DISI).

Table 4: Conventional Vehicles: Fuel Consumption and CO2 Emissions

Conventional Powertrains		Fuel Consumption and CO2 Emissions			
		Fuel	Energy	CO2	Delta
		[l/100 km]	[MJ/100km]	[g/km]	[%]
PISI	NEDC	4.67	150.3	114.7	
	WLTC	4.40	141.6	104.2	-5.8%
DISI	NEDC	4.43	142.5	104.5	
	WLTC	4.10	131.9	97.1	-7.4%
DICI	NEDC	3.42	110.0	89.8	
	WLTC	3.25	104.6	85.7	-5.0%

The improved fuel economy of the WLTC is in countertrend with respect to the energy request at the wheels per kilometer (refer to Figure 2) which is 21.2% higher in the case of the WLTC.

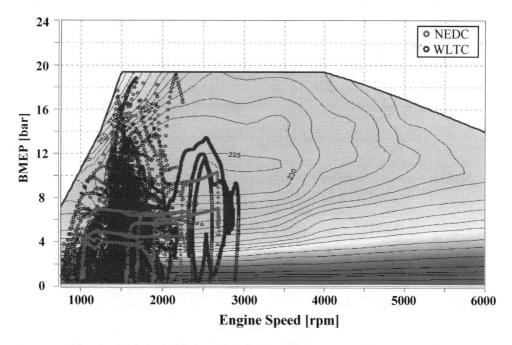

Figure 7: Conventional Vehicles (DISI): Engine operation along NEDC and WLTC

The key reasons are the improved engine operation, less impacting warm up, improved driveline efficiency and more favorable gear shifting:

- The WLTC enables, in case of MT, a gear shift profile with a downspeeded engine operation (refer to "Methodology" chapter). This implies both an improved engine operation and lower losses in the transmission.
- The average efficiency of the engine further improves due to the WLTC higher load. In case of hot start, the enhancement of the average engine efficiency ranges from ca. 11% (DICI) to ca. 17% (DISI). The lower gain of the DICI is due to the good engine efficiency at partial load.
- Due to the longer time and distance of the WLTC (respectively +112% and +53%, refer to Table 1), the cold start has a lower impact on the fuel economy: +6-9% along the NEDC and 2.5-3% along the WLTC. Figure 8 shows the simulated temperature profile along NEDC and WLTC in case of the DISI engine.

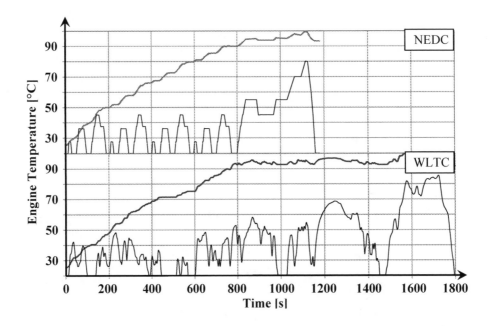

Figure 8: Conventional Vehicles (DISI): Engine Temperature along NEDC and WLTC

Table 5 provides the impact of the Stop&Start functionality on the overall fuel consumption. Due to the lower percentage of time at idle along the WLTC (NEDC 24.3%, WLTC 13.0%, see Table 1), the engine stop results in lower benefit: from 4.5-6.2% for the NEDC to 2.4-2.9% for the WLTC.

Table 5: Conventional Vehicles: Fuel Consumption impact of the Stop&Start

Conventional Powertrains Start&Stop		Fuel Consumption					
		Without	With	Delta	Without	With	Delta
		NEDC		[%]	WLTC		[%]
PISI	[l/100 km]	4.98	4.67	-6.2%	4.53	4.40	-2.9%
DISI	[l/100 km]	4.68	4.43	-5.3%	4.22	4.10	-2.8%
DICI	[l/100 km]	3.58	3.42	-4.5%	3.33	3.25	-2.4%

Hybrid Electric Vehicles without Plug-In Feature

Table 6 and Table 7 show the estimated fuel consumption for the analyzed hybrid electric vehicles without plug-in feature (in the paper HEVs). The NEDC CO2 emissions are in the range of 69 g/km (DISI) to 74 g/km (DICI) and they increase along the WLTC: from 7% (DICI) to 8% (DISI).

Table 6: HEVs: Fuel Consumption and CO2 Emissions

HEVs		Fuel Consumption and CO2 Emissions			
		Fuel	Energy	CO2	Delta
		[l/100 km]	[MJ/100km]	[g/km]	[%]
DISI	NEDC	2.92	94.0	69.0	
	WLTC	3.15	101.4	74.4	7.9%
DICI	NEDC	2.46	88.3	64.5	
	WLTC	2.63	94.4	69.0	6.9%

The key reasons for the increased fuel consumption along the WLTC are the reduced impact of the engine downsize (for the DISI only), of the transmission automation and of the vehicle hybridization. Table 7 shows the Technology Walk of the vehicle with DISI engine, i.e. the step-by-step fuel consumption improvement from the conventional to the hybrid topology. The impact of the AT is much higher in case of the NEDC, whereas along the WLTC, due to the enabled gear profile of the MT, the benefit is significantly smaller. Also the hybridization benefit is reduced due to both the slightly lower recuperation potential (see Figure 2) and the not used LPM strategy (due to higher engine load).

Table 7: HEVs: Hybridization Walk

HEV (DISI) Technology Walk [g_{CO_2}/km]	NEDC		WLTC	
Conventional DISI	104.5		97.1	
Downsizing of ICE (from 1.2L to 1.0L)	95.0	9.1%	91.7	5.6%
New Transmission for HEV (AT8+LC instead of MT6)	87.7	6.9%	88.7	3.1%
Hybridization of the Vehicle: 1) Regenerative Braking 2) Electric Drive Mode 3) Electrification of the auxiliaries: a) Steering Pump (EHPS instead of HPS) b) Brake Vacuum Pump c) ICE Water Pump	70.7	16.2%	74.4	14.7%
Enhancement of the Hybrid Operation Strategy: Introduction of ICE Load Point Moving ("LPM") to increase the engine efficiency and to extend the Electric Drive.	69.0	1.8%	-	-
HEV DISI	69.0	34.0%	74.4	23.4%

Other Electrified Vehicles

Table 8 and Table 9 provide the estimated fuel consumption and electric consumption of respectively the hybrid electric vehicles with plug-in feature (PHEVs and REEV) and the completely electrified vehicles (BEV, FCEV and FCREEV).

Table 8: PHEVs, REEVs: Fuel and Electricity Consumption and CO2 Emissions

PHEVs REEVs			FC and CO2 Emissions				Electricity		Total	
			Fuel	Energy	CO2	Delta	Energy	Delta	Energy	Delta
			[l/100km]	[MJ/100km]	[g/km]	[%]	[MJ/100km]	[%]	[MJ/100km]	[%]
PHEV	DISI	NEDC	2.26	72.7	53.4		7.8		80.5	
		WLTC	2.32	74.6	55.1	2.7%	9.5	21.0%	84.1	4.4%
	DICI	NEDC	1.91	68.5	49.7		8.2		76.7	
		WLTC	1.96	70.3	51.5	2.6%	9.9	20.0%	80.2	4.5%
REEV	DISI	NEDC	0.85	27.4	20.1		32.8		60.2	
		WLTC	1.02	32.8	24.1	20.0%	30.9	-6.0%	63.7	5.8%
	DICI	NEDC	0.76	27.3	19.9		33.3		60.6	
		WLTC	0.93	33.4	24.4	22.4%	30.8	-7.4%	64.2	6.0%

The PHEVs and REEVs prove an overall increase in the energy consumption of ca. 4.5-6% with a different share between fuel and electricity along the NEDC and WLTC. This behavior is due to the formula proposed in the WLTP that includes the utility factor to weight the stage at which the fuel consumption is done.

The BEV, FCEV and FCREEV (refer to Table 9) feature only a small improvement of the powertrain efficiency along the WLTC and the increase of the energy consumption is almost equivalent to the increase of the energy consumption at wheels (+21.2%, see Figure 2).

Table 9: BEV, FCEV, FCREEV: Fuel and Electricity Consumption and CO2 Emissions

BEV FCEV FCREEV		Fuel Consumption			Electricity		Total	
		Fuel	Energy		Energy		Total	
		[l/100 km]	[MJ/100km]		[MJ/100km]		[MJ/100km]	
BEV	NEDC	-	-		38.1		38.1	
	WLTC	-	-	-	45.2	18.4%	45.2	18.4%
FCEV	NEDC	0.45	53.8		-		53.8	
	WLTC	0.53	63.7	18.3%	-	-	63.7	18.3%
FCREEV	NEDC	0.11	13.2		29.8		43.0	
	WLTC	0.17	20.4	54.5%	29.7	-0.4%	50.1	16.5%

5 Conclusions and Outlook

The introduction of the WLTP will lead to changes in the tank-to-wheel CO2 emission legislation. The more dynamic driving cycle leads to increased energy requirement in [MJ/km]. However, the increased load typically implies improved component efficiencies and hence changes the energy and/or fuel consumption not proportionally to the demanded energy. Even the other way round, for conventional powertrains based on manual transmissions, the WLTC results in reduced fuel consumption. Beside the definition of gear selection for MT powertrains, the WLTC leads to different share of vehicle stop time, engine warm-up time, recuperation energy and high load operation. Hence, different technologies (e.g. Stop&Start) imply different fuel consumption potentials with a resulting impact on the cost-to-benefit ratios for the different technologies. Nevertheless, electrification still achieves a significant further reduction in CO2 emissions (in the order of 20% for full HEVs).

Further investigations are ongoing, concerning e.g.: the integration of the Well-to-Tank chain, analysis of best in class conventional and hybrid vehicles, cost estimation (e.g. EUR/(Delta CO2) with respect to a baseline) and extension to other transmission technologies (e.g. CVT, DCT and AT).

Definition and Abbreviations

AER	All Electric Range	**HEV**	Hybrid Electric Vehicle
AT	Automatic Transmission	**MT**	Manual Transmission
BEV	Battery Electric Vehicle	**NEDC**	New European Driving Cycle
DICI	Direct Injection Compression Ignition	**PHEV**	Plug-in Hybrid Electric Vehicle
DISI	Direct Injection Spark Ignition	**PISI**	Port Injection Spark Ignition
FC	Fuel Consumption	**REEV**	Range Extender Electric Vehicle
FCEV	Fuel Cell Electric Vehicle	**SOC**	Battery State Of Charge
FCREEV	Fuel Cell REEV	**TTW**	Tank To Wheel
WLTC	Worldwide harmonized Light vehicles Test Cycle		
WLTP	Worldwide harmonized Light vehicles Test Procedure		

References

[1] Arno HUSS, Heiko MAAS, Heinz HASS, Well-to-Wheels analysis of future automotive fuels and powertrains in the European context v 4.0, 2013, http://iet.jrc.ec.europa.eu/about-jec/downloads

[2] Edinger, R., Kaul, S., "Humankind's detour toward sustainability: past, present, and future of renewable energies and electric power generation", Elsevier, Renewable and Sustainable Energy Reviews, 4 (2000)

[3] Kadoshin, S., Nishiyama, T., Ito, T., "The trend in current and near future energy consumption from a statistical perspective," Elsevier, Applied Energy 67 (2000), 407-417

[4] Katrasnik, T., "Analysis of fuel consumption reduction due to powertrain hybridization and downsizing of ICE", SAE, Paper No. 2006-01-3262

[5] Z. Han, Z. Yuan, T. Guangyu, C. Quanshi, C. Yaobin, Optimal Energy Management Strategy for Hybrid Electric Vehicles, SAE Paper No. 2004-01-0576, March 2004.

[6] United Nations, UN ECE R 101 (Rev 2), 29 April 2005

[7] Proposal for a new UN Global Technical Regulation on Worldwide harmonized Light vehicles Test Procedures (WLTC)" – Annex 2, Economic and Social Council, Geneva, 14 November 2013

[8] OICA, DTP- Definition Test Procedure, Preliminary Draft Proposal, http://www.unece.org/